文部科学省後援

日本化粧品検定

級・

級対策テキスト

大きくなって読みやすい!!

コスメの教科書

拡大版

第3版

キレイを引き出すための化粧品の基本的な使い方と
間違いがちな化粧品の知識について正解を学ぶ

はじめに

「美容」とは、顔やからだつき、肌などを美しく整えるという意味のことばです。「美」を整えるものとして、化粧品はなくてはならない存在です。肌や化粧品について科学的な根拠のある正しい知識があれば、世の中に星の数ほどある化粧品や美容に関連するアイテムを最大限に効果的に使うことができます。マッサージや生活習慣の改善などでも美しい肌へ、無駄なく、より近道で整えることができるはずです。そのお手伝いが本書と「日本化粧品検定」でできることを願っています。

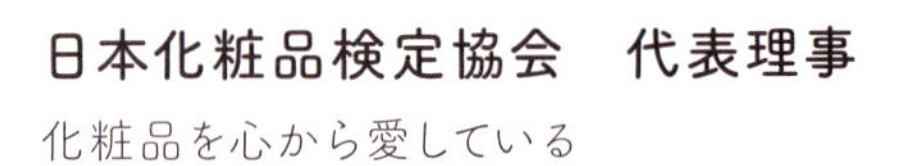

日本化粧品検定協会　代表理事

化粧品を心から愛している

小西さやかより

SNSなどでは、不確かな情報を目にすることがよくあります。科学技術の進歩に伴い、情報は日々アップデートされています。本書では、科学的根拠をできるだけ考慮し、肌や美容、化粧品成分、法規制など、幅広い知識を級ごとに分かりやすく解説しています。すべての方が化粧品を楽しんで使い、将来の生活の質の向上につながることを願っています。

日本化粧品検定協会　理事

藤岡賢大より

本書の使い方

本書は「日本化粧品検定」の公式テキストです。合格を目指す方の受験対策として、必ず理解してほしい重要なポイントを見逃さないように、マークや赤字でわかりやすく表示しています。試験直前の理解度チェックにも役立ちます。また、化粧品や美容を学ぶ教科書としてもご活用いただけます。

検定POINT

重要な部分には「検定POINT」マークがついています。重点的にチェックしましょう!

試験勉強に便利な「赤シート」

暗記すべき内容は、赤字で記載されています。付属の赤シートを重ねて赤字の語句を隠しながら、理解できているかをチェックすることができます。

公式キャラクターのここちゃん

美容・化粧品が大好き! コスメコンシェルジュとして、たくさんの人に正しい化粧品の知識を広めるために日々奮闘中。

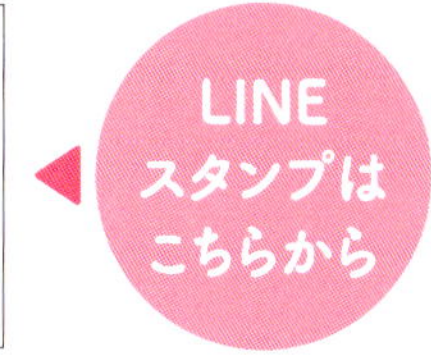

法律改定などによりテキスト内容に変更や誤りが生じた際には、協会公式サイトに正誤表を掲載いたします。お手数ですが随時ご確認ください。

日本化粧品検定とは？

文部科学省後援*
化粧品・美容に関する知識の普及と向上を目指した検定です

＊1・2級

日本化粧品検定は、美容関係者はもちろん、生涯学習を目的とする方や学生など、年齢や性別を問わず、さまざまな方に挑戦していただいている検定です。

化粧品の良し悪しを評価するのではなく、化粧品の成分や働きを正しく理解することで、必要なものを選択する力が身につきます。

キレイになるために

就職・転職に

キャリアアップに

検定保有者を優遇をしている企業がたくさんあります

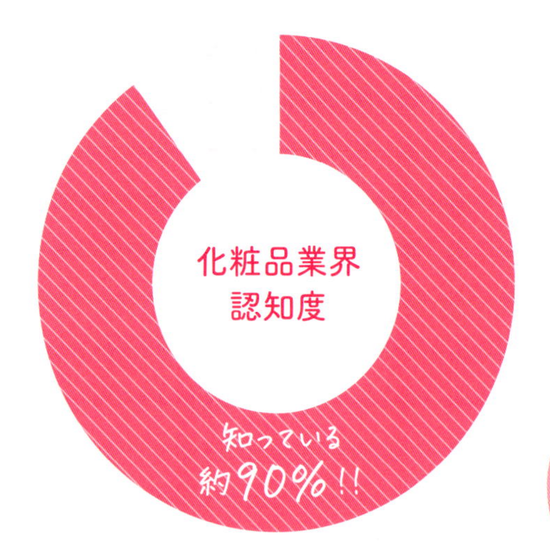

※2023年1月化粧品開発展セミナー参加者アンケート（n=697）

社員研修や社内資格制度などスペシャリストの育成にも活用されている日本化粧品検定。採用試験での優遇や資格手当の支給など、検定保有者に優遇対応をしている企業がたくさんあります。

協賛サポート企業が570社以上もあるんだ!

※2024年6月末時点

実施要項

	1級	2級	準2級	3級
受験資格	年齢・性別を問わず、どなたでも、何級からでも受験できます。			
受験料	13,200円	8,800円	4,950円	無料
	併願受験19,800円（同日に1級と2級を受験）			
試験方法	マークシート方式（試験時間60分）	マークシート方式（試験時間50分）	Web受験（試験時間40分）	Web受験（試験時間15分）
出題数	60問		50問	20問
合格ライン	正答率70%前後		正答率80%前後	正答率80%
試験範囲	1級・2級・準2級・3級	2級・準2級・3級	準2級・3級	3級
実施時期	5月、11月の年2回		随時 ※2025年春開始予定	随時
試験開催地	札幌・仙台・東京・横浜・さいたま・静岡・千葉・名古屋・京都・大阪・福岡をはじめ、全国の各都市にて開催		オンライン	オンライン

※特級 コスメコンシェルジュについては巻末ページを参照ください

お申し込みは
公式ホームページ
から

各級の内容と試験範囲

日本
化粧品検定
特級
コスメコンシェルジュ

日本化粧品検定1級

日本化粧品検定2級

日本化粧品検定準2級

日本化粧品検定3級

日本化粧品検定には、特級、1級、2級、準2級、3級と5種類の検定試験があります。日本化粧品検定最上位の「特級 コスメコンシェルジュ」は、1級合格者だけが目指せる資格です。

3級

受験料無料　スマホでOK　最短5分

間違いがちな化粧品の知識について正解を学ぶ

間違いがちな化粧品の知識を正し、今よりワンランク上のキレイを目指します。Webで無料で受験できます。

合格者には、合格証書（PDF）をメールでお届け！

15分間で、全20問にチャレンジ！
合格ラインは正答率80%（16問正解）。

※証書原本は有料発行
価格：3,300円（税込）

準2級

Web受験可　スマホでOK

キレイを引き出すための化粧品の基本的な使い方を学ぶ

スキンケア、メイクアップ、ボディケア、ネイルケアなどの化粧品の基本的な使い方とお手入れ方法を学びます。

（2025年春開始予定）

3級・準2級は、
オンライン受験できます!

2級 文部科学省後援

ニキビ・毛穴・シミ・シワなど、肌悩みの対策を学ぶ

美容皮膚科学に基づいて、肌悩みに合わせたスキンケア、メイクアップ、生活習慣美容、マッサージなど、トータルビューティーを学びます。

皮膚の構造としくみ

肌悩みの原因とお手入れ

メイクテクニック

生活習慣美容

筋肉・ツボ・リンパ

1級 文部科学省後援

成分や中身を理解し、化粧品を見分ける知識を学ぶ

化粧品の中身や成分に加え、ボディケア、ヘアケア、ネイルケア、フレグランス、オーラル、化粧品にまつわるルールなど幅広い知識を学びます。

化粧品原料

スキンケア

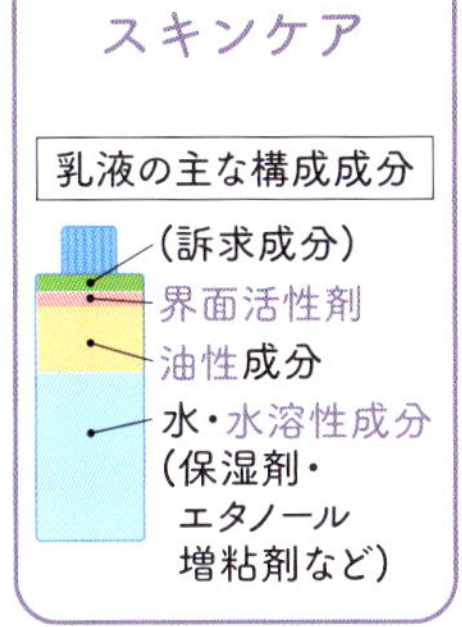

メイクアップ

ヘアケア

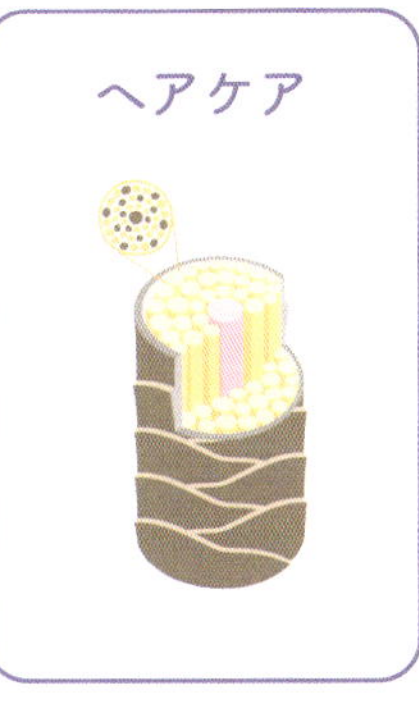

フレグランス

ボディケア　ネイルケア　オーラル

サプリメント　法律　官能評価

特級 コスメコンシェルジュ

化粧品を理解し、肌悩みに合わせた提案ができる「化粧品の専門家」

詳細は
巻末ページでチェック!

合格を目指そう！ おすすめの勉強法

開始

学習計画を“具体的に”立てる

毎日〇時～〇時は勉強する、などスケジュールを決めて取り組みましょう。

STEP 1

『公式テキスト』を読み、内容を理解する

『公式テキスト』は項目ごとに収載されています。興味のあるページから読んでいくと楽しみながら勉強することができます。

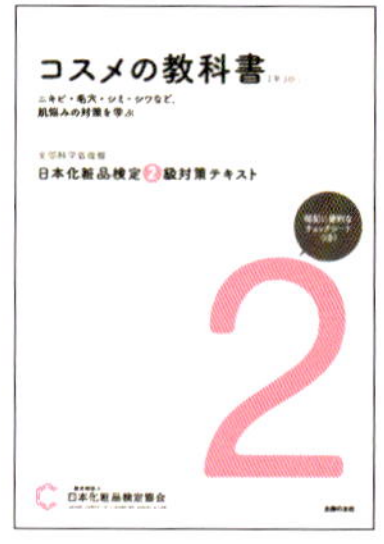

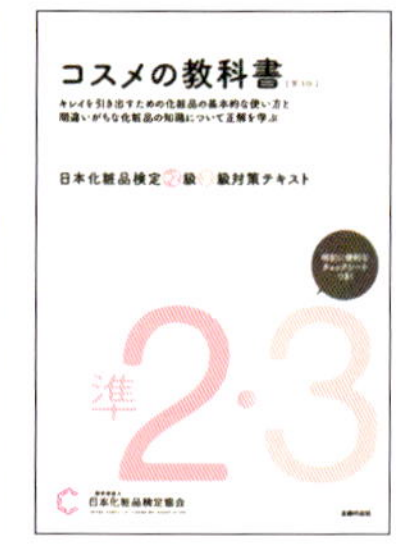

STEP 2

『公式問題集』で問題に慣れる

知識があっても問題が解けるとは限りません。合格に向けて知識を定着させるなら、『公式問題集』を活用するのがベスト。

『公式問題集』の購入はこちらから ▶

公式問題集購入者は、合格率が高い！

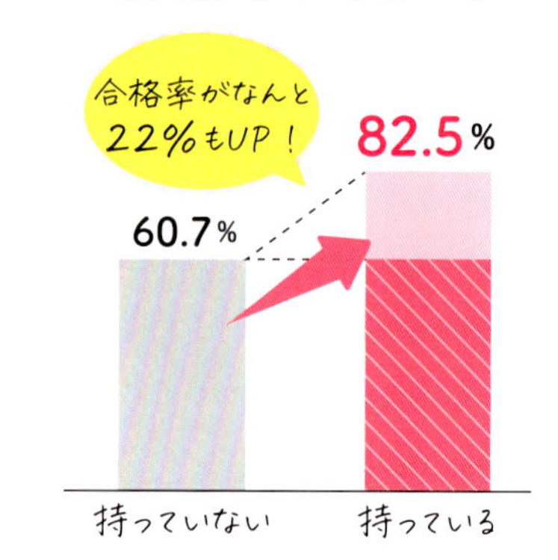

※第19回日本化粧品検定2級における合格率比較（問題集購入者と非購入者との比較）

なぜ合格率に差があるの？

- 『公式問題集』からも一部出題される
- 付録の模擬試験（60問）が試せる
- 圧倒的な問題数と詳しい解説がある

直前

『公式テキスト』の検定ポイント、『公式問題集』の「要点チェックノート」や間違えた問題を最終確認

検定POINT

試験の頻出箇所である『公式テキスト』の検定ポイントを総ざらい。あわせて『公式問題集』の「要点チェックノート」で暗記箇所を復習し、間違えた問題を解き直しましょう。試験で正解できるよう最終チェックをしましょう。

さらに合格率が高まる参考書

マンガで楽しく解説!
『美容成分キャラ図鑑』

美容成分がマンガのキャラに!
260成分を収載しています。

『美容成分キャラ図鑑』の購入はこちらから ▶

検定試験に出る成分には検マークがついています!

検定開催月以外でも受験できる認定スクール

5月・11月以外も受験可!
全国にある認定スクールの
講座＋試験を利用

試験つき対策講座を申し込むと、検定開催月以外でもスクール内で受験できます。

全国の認定スクールはこちらで検索! ▶

認定スクールで合格率UP!

Web通信講座もご用意!

平均合格率

	平均合格率	対策講座を受講した場合*1
1級	67.6%	85.6%
2級	71.1%	84.1%

*1 認定校で受講および受験した場合

※過去5回の合格率の平均値を集計
※認定校での受験には、同一校での講座受講が必須です

化粧品の豆知識や勉強法など、検定に役立つ情報満載!

cosmeken

cosme_kentei

cosmekentei

化粧品工場の裏側や化粧品の成分情報など、レアな情報がいっぱい!

美容・化粧品の各分野のスペシャリストが50人以上！

最強の監修者のみなさん

※2級から監修範囲の掲載順に紹介しています

2級監修

佐藤伸一
（皮膚科学）

東京大学大学院医学系研究科皮膚科学 教授、医学博士、日本皮膚科学会 理事

1989年東京大学医学部医学科卒業。医学博士号を取得後、米国デューク大学免疫学教室への留学を経て、金沢大学医学部附属病院皮膚科に在籍する。その後、金沢大学大学院医学系研究科皮膚科学助教授を経て、2004年より長崎大学大学院歯科薬学総合研究科皮膚病態学教授へ。2009年から現職。膠原病、特に強皮症を専門とし、日本各地から患者が集まっている。強皮症に対する新規治療法の開発にも力を入れている。

吉崎歩
（皮膚科学）

東京大学大学院医学系研究科臨床カンナビノイド学 特任准教授・講座長

2006年長崎大学医学部卒業。米国デューク大学免疫学教室留学を経て、2014年東京大学医学部附属病院皮膚科助教、2015年東京大学大学院医学系研究科・医学部皮膚科学講師へ。2018年より東京大学医学部附属病院乾癬センター長兼任。2022年より現職。強皮症や血管炎をはじめとする自己免疫疾患を専門とし、患者診療に当たると同時に、臨床免疫学の分野においても活躍する。

田上八朗
（皮膚科学）

東北大学医学部 名誉教授、医学博士

1964年京都大学医学部卒業。同附属病院皮膚科を経て、1966年～1968年にペンシルバニア大学医学部皮膚科研究員。1969年国立京都病院、京都大学医学部附属病院、浜松医科大学皮膚科助教授を経て、1983年東北大学医学部皮膚科教授、2003年同大学名誉教授、現在に至る。専門は皮膚科学、皮膚の炎症と免疫皮膚の生体計測工学。著書・国際学術論文多数。

相場節也
（皮膚科学
肌荒れ・安全性）

東北大学医学部 名誉教授、医学博士

1980年東北大学皮膚科入局、1988年アメリカの国立癌研究所留学を経て、1991年東北大学医学部皮膚科講師、助教授、2003年より東北大学大学院皮膚科学分野教授を務める。のちに、松田病院皮膚科部長、東北大学名誉教授。日本皮膚科学会専門医、日本アレルギー学会専門医。

芋川玄爾
（皮膚科学
スキンケア・
紫外線など）

宇都宮大学バイオサイエンス教育研究センター 特任教授、医学博士

つっぱらない洗浄剤・ビオレの開発者。肌表面角層内に存在する細胞間脂質の主成分である「セラミド」の、重要な機能としての水分保持機能（保湿機能）の発見者。アトピー性皮膚炎の発症が、角層のセラミド減少による乾燥バリアー障害に起因する乾燥バリアー病であることを見出し、老人性乾皮症やアトピー性皮膚炎のスキンケアへの応用を切り開いた。乾燥（老人性乾皮症/アトピー性皮膚炎）・シミ（紫外線色素沈着/老人性色素斑）・シワ/たるみの発生メカニズムを完全に解明し、スキンケア剤に関連するスキンケア研究の第一人者として、現在も研究を続けている肌のスペシャリスト。

櫻井直樹
（皮膚科学・
肌悩みと化粧品）

シャルムクリニック 院長

2002年東京大学医学部卒業。日本皮膚科学会、日本美容外科学会（JSAS）、日本レーザー医学会、日本抗加齢医学会専門医。国際中医師、日本臨床栄養協会サプリメントアドバイザー。都内有名美容外科の顧問も歴任。

山村達郎
（皮膚科学）

工学博士

大手化粧品メーカーで処方開発や新素材開発、皮膚計測による肌状態の評価などを担当したのち、製薬会社でスキンケア製品の有用性評価などを担当。医学部皮膚科学教室での皮膚保湿メカニズム研究など、皮膚測定、評価法の研究に長年携わり、日本香粧品学会評議員ならびに日本化粧品技術者会セミナー委員なども歴任。

佐藤隆
（皮脂膜、ニキビ（ざ瘡）、毛穴）

東京薬科大学薬学部 教授

東京薬科大学大学院薬学研究科にて博士（薬学）を取得。カンザス大学医学部にて博士研究員、その後東京薬科大学にて生化学、皮膚科学、生物系薬学分野などの数々の研究論文を発表し、2014年に教授に就任。日本香粧品学会理事、日本痤瘡研究会理事、日本結合組織学会理事のほか、日本薬学会、日本皮膚科学会、日本研究皮膚科学会などに所属。

相澤浩
（ニキビ）

相澤皮フ科クリニック 院長

1980年旭川医科大学医学部卒業、東京医科歯科大学産婦人科教室入局。産婦人科での内分泌の専門から皮膚科へ転科。1987年東京慈恵会医科大学皮膚科学教室入局、東京慈恵医科大学第三病院皮膚科診療科長（講師）を歴任。1992年ニキビとホルモンの研究で医学博士となる。日本皮膚科学会皮膚科専門医。1999年相澤皮フ科クリニック開院。大人ニキビとホルモンバランスを学問で紐付けた第一人者。

竹内啓貴
（くま、シワ・たるみ）

シワ・たるみなどの基礎研究者

2003年信州大学繊維学部応用生物化学科卒業後、ポーラ化成工業へ入社。18年間シワ、たるみ、シミの基礎研究や新規有効成分開発に従事。2011年から2年間、米国Boston Universityにて光老化とシワの基礎研究を実施。皮膚科で最も権威ある論文への掲載など新規肌老化理論を提唱。帰国後はB.Aリサーチセンター長を務める。2021年にプレミアウェルネスサイエンスへ転職後、現在、株式会社I-neにてより市場に近い環境で新価値創出に携わっている。

竹岡篤史
（肌悩みと化粧品成分）

美容成分開発・機能性研究者 スキンケア成分専門家

ペプチドを用いた経皮ワクチンの開発を経て、企業においてスキンケア成分専科部門の立ち上げ、2002年より成分開発に従事。国内外においてスキンケア成分の探索と開発を中心に皮膚への効能研究を専門とする。2016年には「InCosmetics」にてオートファジー誘導成分にて、イノベーションアワード金賞を世界で初めてアジアから受賞。2020年・2023年にもバイオサイエンスメーカー、清酒メーカーと共同研究の末、開発した成分が海外アワードにて受賞。現在においても化粧品会社や製薬企業と共に共同研究・開発を続けている。

小林照子
（メイクアップテクニック）

美・ファイン研究所 創業者、
［フロムハンド］メイクアップアカデミー青山ビューティー学院高等部 学園長

大手化粧品会社にて美容研究、商品開発、教育などを担当。取締役総合美容研究所所長として活躍後、独立（1991年）。美とファインの研究を通して、人に、企業に、社会に向け、教育、商品開発、企画など、あらゆるビューティーコンサルタントビジネスを20年以上にわたり展開している。

小木曽珠希
（メイクアップカラー）

一般社団法人日本流行色協会
レディスウェア／メイクアップカラーディレクター

レディスウェアを中心に、メイクアップ、プロダクト・インテリアのカラートレンド予測・分析、企業向け商品カラー戦略策定のほか、色彩教育にも携わっており、色の基礎知識からトレンドカラーの使い方まで、幅広く教えている。https://jafca.org/

渡辺樹里
（パーソナルカラー）

メイクカラーコンシェルジュ養成講座 講師

カラーサロン「jewelblooming」代表。パーソナルカラー診断人数は4,000人以上、著名人やインフルエンサーの診断実績も多数あり。商品やコンテンツの監修・カラーアドバイス、記事執筆やYouTube・インスタライブ出演など、イメージコンサルティングに関連する業務に幅広く携わっている。

井上紳太郎
（生活習慣美容）

岐阜薬科大学香粧品健康学講座 特任教授、薬学博士

1977年大阪大学、同大学院修了。鐘紡株式会社薬品研究所、1988年同生化学研究所研究室を経て、2004年カネボウ化粧品基盤技術研究所長に。2009年同執行役員（兼）価値創成研究所長、2011年同（兼）花王株式会社、総合美容技術研究所長を務め、2016年より現職。日本結合組織学会評議員・日本病態プロテアーゼ学会理事・日本白斑学会理事。

米井嘉一
（生活習慣美容・糖化）

同志社大学生命医科学部 教授、
日本抗加齢医学会理事・糖化ストレス研究会 理事長、
公益財団法人医食同源生薬研究財団 代表理事

1982年慶應義塾大学医学部卒業。抗加齢（アンチエイジング）医学を日本に紹介した第一人者として、2005年に日本初の抗加齢医学の研究講座である、同志社大学アンチエイジングリサーチセンター教授に就任。2008年から同志社大学生命医科学部教授。最近の研究テーマは老化の危険因子と糖化ストレス。

篠原一之
（睡眠・ホルモン）

長崎大学 名誉教授、
キッズハートクリニック外苑前 院長

1984年長崎大学医学部卒業。東海大学大学院博士課程修了後、横浜市立大学、バージニア大学などを経て長崎大学大学院医歯薬学総合研究科神経機能学教授に就任。日本生理学会、日本神経科学学会、日本味と匂学会など、そのほか所属学会多数。小児精神科・心療内科医師でもある。

宮下和夫
（サプリ・食事）

北海道文教大学健康栄養科学研究科 教授（研究科長）

東北大学農学部食糧化学科卒業後、北海道大学水産学部で34年間教鞭をとり教授を務める。のちに帯広畜産大学で3年間の特任教授を経て、現在は北海道文教大学健康栄養科学研究科の特任教授。北海道大学在職中は水産生物由来の機能性成分を中心に研究を行い、国際機能性食品学会会長などを歴任。

金子翔拓
（運動）

北海道文教大学医療保健科学部 教授、作業療法学科長、
リハビリテーション学科作業療法学 専攻長

2006年作業療法士免許取得。札幌東徳洲会病院、篠路整形外科勤務（事務長、リハビリ室長）、2012年より北海道文教大学作業療法学科講師を務め、2014年札幌医科大学大学院博士課程後期修了（作業療法学博士）。2022年より、同教授、学科長に就任。

早坂信哉
（入浴）

東京都市大学人間科学部 教授、医学博士、
温泉専門療法医、日本入浴協会 理事

自治医科大学大学院医学研究科修了。浜松医科大学准教授、大東文化大学教授などを経て、現在、東京都市大学人間科学部教授。日本入浴協会理事、一般社団法人日本健康開発財団温泉医科学研究所所長として、生活習慣としての入浴を医学的に研究する第一人者。テレビ、講演などで幅広く活躍中。

石川泰弘
（睡眠・入浴）

日本薬科大学医療ビジネス薬科学科スポーツ薬学コース 特任教授、順天堂大学スポーツ健康科学研究科 協力研究員

株式会社ツムラ、ツムラ化粧品株式会社、株式会社バスクリン、大塚製薬株式会社を経て、現職。トップアスリートをはじめ多くの人に入浴や睡眠、温泉を活用した疲労回復や美容に関する講演を実施。書籍の執筆も行う。「お風呂教授」としてテレビや雑誌、ラジオへの出演も多数。

佐藤佳代子
（表情筋・リンパ）

さとうリンパ浮腫研究所 代表

20代前半にドイツ留学。リンパ静脈疾患専門病院Földiklinikにおいてリンパ浮腫治療および専門教育について学び、日本人初のフェルディ式「複合的理学療法」認定教師資格を取得。日々、リンパ浮腫治療を中心に、医療機器の研究開発、治療法の普及、医療職セラピストおよび指導者の育成、医療機関や看護協会等の教育機関において技術指導、技術支援などに取り組む。

折橋梢恵
（表情筋・ツボ）

一般社団法人美容鍼灸技能教育研究協会 代表理事、美容鍼灸の会美真会 会長

はり師・きゅう師、鍼灸教員資格、日本エステティック協会認定エステティシャン、コスメコンシェルジュ®インストラクター。鍼灸とエステティックを融合した総合美容鍼灸の第一人者。白金鍼灸サロンフューム 代表、日本医学柔整鍼灸専門学校および神奈川衛生学園専門学校非常勤講師。執筆、講演など多数。

1級監修

村田孝子
（歴史）

江戸・東京博物館 外部評価委員、前ポーラ文化研究所化粧文化チーム シニア研究員

青山学院大学文学部教育学科卒業。ポーラ文化研究所入所。主に日本と西洋の化粧史・結髪史を調査し、セミナー講演、展覧会、著作などで発表。鎌倉早見芸術学院、戸板女子短期大学ともに非常勤講師として美容文化を教える。ビューティサイエンス学会理事長。2005年～2006年、国立歴史民俗博物館・近世リニューアル委員や2014年～江戸・東京博物館外部評価委員も務める。

内藤昇
（化粧品原料）

公益財団法人コーセーコスメトロジー研究財団 評議委員

1977年株式会社コーセー入社、研究所配属。2007年執行役員研究所長、2009年取締役研究所長、2014年常務取締役研究所長、2018年役員退任、2020年退職、現在化粧品関連会社の技術顧問を務める。化粧品製剤開発、コロイド界面化学、リポソームが専門分野。"リポソーム化粧品の生みの親"。日本化学会、日本化粧品工業連合会、日本化粧品技術者会などの役職を歴任。一般社団法人化粧品成分検定協会理事を務める。

坂本一民
（界面活性剤）

東京理科大学 客員教授、元千葉科学大学薬学部生命薬科学科 教授

理学博士（東北大学）。味の素株式会社・株式会社資生堂・株式会社成和化成を経て、千葉科学大学薬学部教授として製剤/化粧品科学研究室創設。界面科学・皮膚科学に関する研究論文・講演多数。第39回日本油化学会学会賞受賞、日本化学会フェロー、横浜国立大学・信州大学・東京理科大学客員教授、東北薬科大学・首都大学東京非常勤講師などを歴任。ISO/TC91(Surface active agents)議長、IFSCC Magazine Co-Editor。

浅賀良雄
（微生物分野）

元日本化粧品工業連合会 微生物専門委員長

株式会社資生堂にて微生物試験、防腐剤の効果試験などに従事。安全性・分析センター微生物研究室長などを歴任。第9回IFSCC（国際化粧品技術者会）にて防腐剤研究で名誉賞受賞。1997年～2006年日本化粧品工業連合会微生物専門委員長、2000年～2006年ISO/TC217（化粧品）の日本代表委員を務めた。株式会社資生堂退職後も微生物技術アドバイザーとして、多くの企業、技術者に指導を行っている。

宮下忠芳
（スペシャルケア・男性化粧品）

東京農業大学農生命科学研究所 客員教授、生物産業学 博士、一般社団法人食香粧研究会 副会長

信州大学繊維学部を卒業。株式会社コーセー化粧品研究所、株式会社シムライズ（旧ドラゴコ）香港の日本支社各員を経て、株式会社クリエーションアルコス代表取締役、株式会社ディーエイチシー主席顧問などを歴任する。現在は株式会社シンビケン代表取締役CEO、株式会社ビープロテック代表取締役CEOや東京農業大学食香粧研究会副理事長も務める。文科省後援健康管理能力検定1級を取得するなど健康管理士一級指導員でもある。

髙柳勇生
（石けん）

株式会社ペリカン石鹸品質保証部 部長

東京都立大学理学部化学科卒業。株式会社資生堂に入社。主に化粧石鹸やトイレタリー製品の技術開発に従事。1994年から3年間、石鹸用原料開発のためインドネシア（スマトラ州）の脂肪酸会社に駐在。帰国後、資生堂久喜工場長、資生堂鎌倉工場長を経て定年後に、現職。石鹸技術に40年以上関わっている。

友松公樹
（ボディケア化粧品）

ライオン株式会社研究開発本部(中国) グループマネージャー

制汗デオドラント剤の基礎研究から国内外向けの処方開発、スケールアップ検討だけでなく、生活者研究、特許出願や執筆など幅広い業務に従事。近年は中国に駐在、上海の研究新会社の立ち上げに参画し、オーラルケア分野を中心に中国市場向けの製品および価値開発マネジメントを行っている。

辻野義雄
（毛髪科学・ヘアケア化粧品）

神戸大学大学院科学技術イノベーション研究科 特命教授、理学博士

神戸大学大学院自然科学研究科にて博士号（理学）を取得。老舗の頭髪化粧品メーカーや外資系化粧品メーカーなど多くの研究所の責任者として、頭髪化粧品を中心に広く化粧品分野の基礎研究や商品開発に従事。その後、大学に移り、薬学や農学（食品科学系）、経営学で教授を務めながら、産総研や東京都の研究所のアドバイザー、国内外の化粧品関連企業の取締役やコンサルタントを務める。現在は神戸大学大学院科学技術イノベーション研究科にてイノベーティブ・コスメトロジー共同研究講座を開設し、化粧品開発の基礎から社会実装までの研究と、幅広く対応できる人材の育成に取り組んでいる。

高林久美子
（毛髪科学・ヘアケア化粧品）

東京医薬看護専門学校化粧品総合学科 講師

化粧品処方アドバイザー。ルピナスラボ株式会社 代表取締役。トイレタリー会社、化粧品会社にて基礎研究、商品開発に従事。その後、専門学校にて化粧品関連科目（主に実習科目）を担当。ルピナスラボ株式会社を設立。ほかに白鷗大学、放送大学、東京バイオテクノロジー専門学校非常勤講師。

荻原毅
（メイクアップ化粧品）

メイクアップ化粧品 処方開発者

青山学院大学理工学部卒業。大手化粧品会社で製品開発、基礎研究、品質保証に従事。2011年早期退職し化粧品開発コンサルタントとして独立。2012年ルトーレプロジェクトを設立し、CEOとして経営・開発コンサルティング、エキストラバージンオリーブオイルの輸入販売およびその健康増進効果の研究を行っている。

鈴木高広
（ベースメイクアップ化粧品）

近畿大学生物理工学部 教授

名古屋大学農学博士（食品工業化学専攻）、マサチューセッツ工科大学、通産省工業技術院、英国王立医科大学院、東京理科大学を経て、2000年から合成マイカの開発に従事。2004年に世界最大手の化粧品会社に移り、ファンデーション技術開発リーダーとしてブランド力と中国・東南アジア市場を拡大。2010年より現職。多様な経験と知識と視点をもち、肌を美しく彩る製品開発に技術力で挑戦する。

日比博久
（メイクアップ化粧品）

メイクアップ化粧品 処方開発者

株式会社日本色材工業研究所研究開発部で30年間、主にメイクアップ化粧品の研究開発と生産技術開発に従事。開発した製品は1,000品以上、国内、海外大手をはじめとする化粧品メーカーから数多くのヒット商品を生み出す。すべての人が美しくなるためにできることを「モノづくり」だけでなく、常に追求している。

木下美穂里
（ネイル化粧品）

NPO法人日本ネイリスト協会 理事

メイクアップ＆ネイルアーティストとして広告・美容・ネイル業界で活躍。数々のブランドのクリエイターとしても活動。現在、ビューティーの名門校「木下ユミ・メークアップ＆ネイル アトリエ」校長。同校の卒業生は13,000人を超える。老舗ネイルサロン「ラ・クローヌ」代表。令和3年度東京都優秀技能者（東京マイスター）知事賞受賞。著書多数。

藤森嶺
（香料）

東京農業大学 客員教授、一般社団法人フレーバー・フレグランス協会 代表理事

早稲田大学卒業、東京教育大学（現・筑波大学）大学院理学研究科修士課程修了、農学博士（北海道大学）。元東京農業大学生物産業学部食香粧化学科教授、東京農業大学オープンカレッジ講師。一般社団法人フレーバー・フレグランス協会代表理事。農芸化学奨励賞（日本農芸化学会、1979年）、業績賞（日本雑草学会、1999年）受賞。

櫻井和俊
（香料）

一般社団法人フレーバー・フレグランス協会業務執行理事、静岡県立静岡がんセンター研究所 非常勤研究員、農学博士

1975年千葉大学工学部卒業。1975年～2017年、高砂香料工業（株）で不斉合成法を用いた新規香料、香粧品用素材および医薬中間体の研究開発に関わった。1989年農学博士（東京大学）。2014年より静岡県立静岡がんセンター研究所非常勤研究員、現在に至る。東京工科大学、東海大学医療技術短期大学、徳島文理大学などで非常勤講師。2020年日本農芸化学会企業研究活動表彰。

MAHO
（フレグランス）

日本調香技術者普及協会 理事、フレグランスアドバイザー

香水の魅力や心に届く香りの感性を伝えるため、メディアやイベント・セミナー、製品ディレクションなど多岐に活動し、日本でのフレグランス文化啓発や市場拡大にも貢献。米国フレグランス財団提携の日本フレグランス協会常任講師。

三谷章雄
（オーラル）

**愛知学院大学歯学部附属病院 病院長、
日本歯周病学会 常任理事・専門医・指導医、
日本再生医療学会 再生医療認定医、AAP会員**

2000年愛知学院大学大学院歯学研究科修了博士（歯学）を取得。2007年グラスゴー大学グラスゴーバイオメディカルリサーチセンターを経て、2014年愛知学院大学歯学部歯周病学講座 教授を務め、2023年からは愛知学院大学歯学部附属病院病院長。

小山悠子
（オーラル）

医療法人明悠会サンデンタルクリニック 理事長

日本大学歯学部卒業。医療法人社団明徳会福岡歯科勤務、福岡歯科サンデンタルクリニック院長を経て、2010年独立開業し現職。自然治癒力を生かす歯科統合医療を実践。日本歯科東洋医学会専門医、日本催眠学会副理事長。バイディジタルO-リングテスト学会認定医、国際生命情報科学会評議員、日本統合医療学会認定歯科医師、東京商工会議所新宿支部評議員など。

佐藤久美子
（オーガニック）

仏コスミーティングオーガニックコスメ部門 評議員

株式会社SLJ代表取締役。世界の正しいオーガニック由来の化粧品を日本総代理店として輸入販売を行う傍ら、オーガニック製品のセレクトショップ「オーガニックマーケット」を主宰。また2006年より仏コスミーティングの評議員を日本人で唯一務め、オーガニックコスメ市場において海外と日本の橋渡しを担っている。

松永佳世子
（安全性・
皮膚トラブル）

**藤田医科大学 名誉教授、医学博士、一般社団法人SSCI-Net 理事長、
医療法人大朋会刈谷整形外科病院 副院長、
日本皮膚科学会 専門医、日本アレルギー学会 専門医・指導医**

1976年名古屋大学医学部卒業。1991年藤田保健衛生大学医学部皮膚科学講師を務め、2000年より同講座教授に就任。2016年同大学アレルギー疾患対策医療学教授、同年より藤田医科大学名誉教授に就任。2024年から現職。専門分野は接触皮膚炎、皮膚アレルギー、化粧品の安全性研究。

逸見敬弘
（安全性試験）

**株式会社マツモト交商安全性試験部 部長、
日本化粧品工業会安全性部会 委員、管理栄養士**

化粧品原料および化粧品製剤の安全性・有用性評価試験などの受託サービスに従事。日本を含む海外のGLP適合試験機関および臨床試験受託機関に委託し、化粧品ほか、医薬部外品、食品、機能性素材など、幅広い分野における安全性の確認から有用性の評価（*in vitro*試験・ヒト臨床試験）まで、多様なエビデンスを提供している。

岡部美代治
（官能評価）

ビューティサイエンティスト

大手化粧品会社にて商品開発、マーケティングなどを担当し2008年に独立。美容コンサルタントとして活動し、商品開発アドバイス、美容教育などを行うほか、講演や女性誌からの取材依頼も多数。化粧品の基礎から製品化までを研究してきた多くの経験をもとに、スキンケアを中心とした美容全般をわかりやすく解説し、正しい美容情報を発信している。

長谷川節子
（官能評価）

日本官能評価学会 委員（専門官能評価士）

スキンケアからメイクアップ、ヘアケア、ボディケアまで化粧品全般の使用感や香りを担当。強いブランドづくりには、お客さまに五感で感じていただける満足価値が必須であると考える官能評価専門士。これまでに評価した化粧品は数万を超える。

柳澤里衣（法律）

弁護士（東京弁護士会）

早稲田大学大学院法務研究科修了。その後、弁護士法人丸の内ソレイユ法律事務所に入所し、現在に至る。同事務所の販促・プロモーション・広告法務部門に所属し、化粧品・美容業界などの顧問先企業に対し様々なリーガルサービスを提供する傍ら、離婚や相続等の家族法案件にも取り組んでいる。

稲留万希子（広告表現・ルール）

DCアーキテクト株式会社 取締役、薬事法広告研究所 代表

東京理科大学卒業後、大手医薬品卸会社を経て薬事法広告研究所の設立に参画、副代表を経て代表に就任。数々のサイトや広告物を見てきた経験をもとに、“ルールを正しく理解し、味方につけることで売上につなげるアドバイス”をモットーとし、行政の動向および市場の変化に対応しつつ、薬機法・景表法・健康増進法などに特化した広告コンサルタントとして活動中。メディアへの出演、大型セミナーから企業内の勉強会まで、講演も多数。

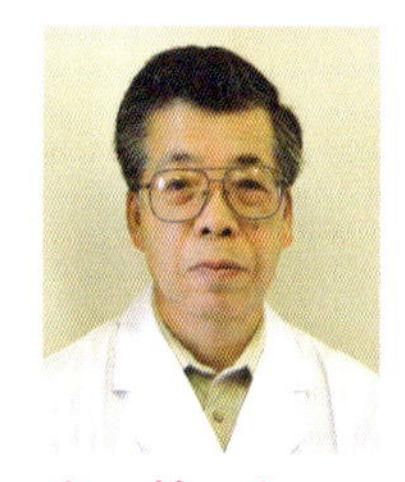

矢作彰一（成分表）

株式会社コスモステクニカルセンター 代表取締役社長、生物工学博士

筑波大学大学院修士課程バイオシステム研究科、同生命環境科学研究科博士後期課程修了。2001年株式会社コスモステクニカルセンター機能評価部入社。2002年慶應義塾大学医学部共同研究員に。2015年株式会社コスモステクニカルセンター研究戦略室に在籍し、現在、ニッコールグループ株式会社コスモステクニカルセンター代表取締役社長。

全ジャンルのスペシャリスト　総合監修

伊藤建三

東京理科大学理学部卒業。株式会社資生堂研究所に入社、基礎化粧品、UVケア、ボディケア化粧品、乳化ファンデーション等多岐に渡る製品開発研究に従事。スキンケア研究部長、工場の技術部長、新素材開発の研究所長を歴任。株式会社資生堂を退職後、皮膚臨床薬理研究所において基礎化粧品、ヘアケア商品、香料高配合商品、防腐剤フリー商品、ナノ乳化商品等多岐に渡る製品開発にあたる。安全性ではパッチテスト、有用性ではシワテストを主管しており、業界でも信頼度が高い。また、研究開発のコンサルティング、研究技術指導もおこない幅広く活躍している。

藤岡賢大（全範囲）

日本化粧品検定協会 理事、薬剤師

f・コスメワークス 代表。大手・中堅化粧品企業にて処方開発・品質保証など担当後、外資系企業にて紫外線吸収剤・高分子など化粧品原料の市場開拓・技術営業を担当。40年以上の幅広い業界経験×最新技術情報×グローバル視点で、「人の役に立つこと」をモットーに、化粧品企業の開発・品質・薬事などをマルチサポート。

白野実（全範囲）

化粧品開発コンサルティング、スキンケア化粧品 処方開発者

化粧品の処方開発に23年間、品質保証・薬事業務に3年間従事してきた経験をもとに、こだわりの化粧品をつくりたい人や企業、化粧品開発者の助けとなるべく化粧品開発・技術コンサルティング会社の株式会社ブランノワール、加えて一般社団法人美容科学ラボとの協業体であるコスメル（COSMEL）を設立し活躍中。

中田和人（全範囲）

化粧品開発コンサルティング、技術アドバイザー

大手メーカーにて、安全性や処方開発、企画に23年従事し、商品開発における業務全般に携わる。合同会社コスメティコスを主宰し、化粧品開発コンサルティングを行いながら、日本化粧品検定協会顧問として協会主催の検定対策セミナーも数多く行い、わかりやすい講義に定評がある。正しい知識の普及や若手育成にも取り組んでいる。

CONTENTS

PART

02 お手入れの基本 準2級出題範囲

3級 出題範囲

PART

01

間違いがちな化粧品の知識

化粧品の使い方や肌のお手入れ方法などで、間違っていそうなことや、あやふやなこと……。当たり前だと思っていたことや、思い込みだけの知識が意外とあるかもしれません。ご自身のお手入れに関する知識を再確認してみましょう。

PART1 全ページが
3級の出題範囲だよ!

間違いがちなスキンケア

毎日のくり返しだからと、
つい思い込みやルーティンで
やってしまいがちなスキンケア。
うっかりやりがちなお手入れ方法や
スキンケアに関する
素朴な疑問を
集めました。

1 間違いがちなクレンジング

クレンジング料をパックのように長時間肌にのせた方が、しっかりクレンジングできる？

クレンジング料は主にメイク汚れをなじませた後にすぐに洗い流してメイクを落とすものです。肌の上に長時間のせておくと必要以上に肌のうるおいを洗い流してしまうこともあるので、クレンジング料を長時間のせたままにすることはやめましょう。

肌に負担がかかるのでクレンジング料の量は少なめにする？

クレンジング料は肌の上でスルスルと抵抗なくすべるくらい、たっぷりの量を使うのがポイント。多くの商品には適量が記載されていますので、それを守って使いましょう。

どうして？
量が足りないと、肌をこすってしまい摩擦で肌を傷めてしまいます。また、十分なクレンジング効果が発揮できません。

ナチュラルメイクの日は
クレンジングをする必要がない？

クレンジング料を使うか使わなくてよいかの基準は、ナチュラルメイクか濃いメイクかの違いだけではなく、**ウォータープルーフ効果の高い日焼け止めやメイクをしている**かどうかです。アイカラー、アイライナー、マスカラ、リップカラーなどを使っていないナチュラルメイクでも、**ウォータープルーフ効果の高い**日焼け止めやファンデーションを使っているときは**洗顔料のみではなかなか落ちにくく**、必要以上にこすってしまいがち。クレンジング料を使って汚れを浮かせたほうが、**肌に負担をかけずに落とすことができます**。

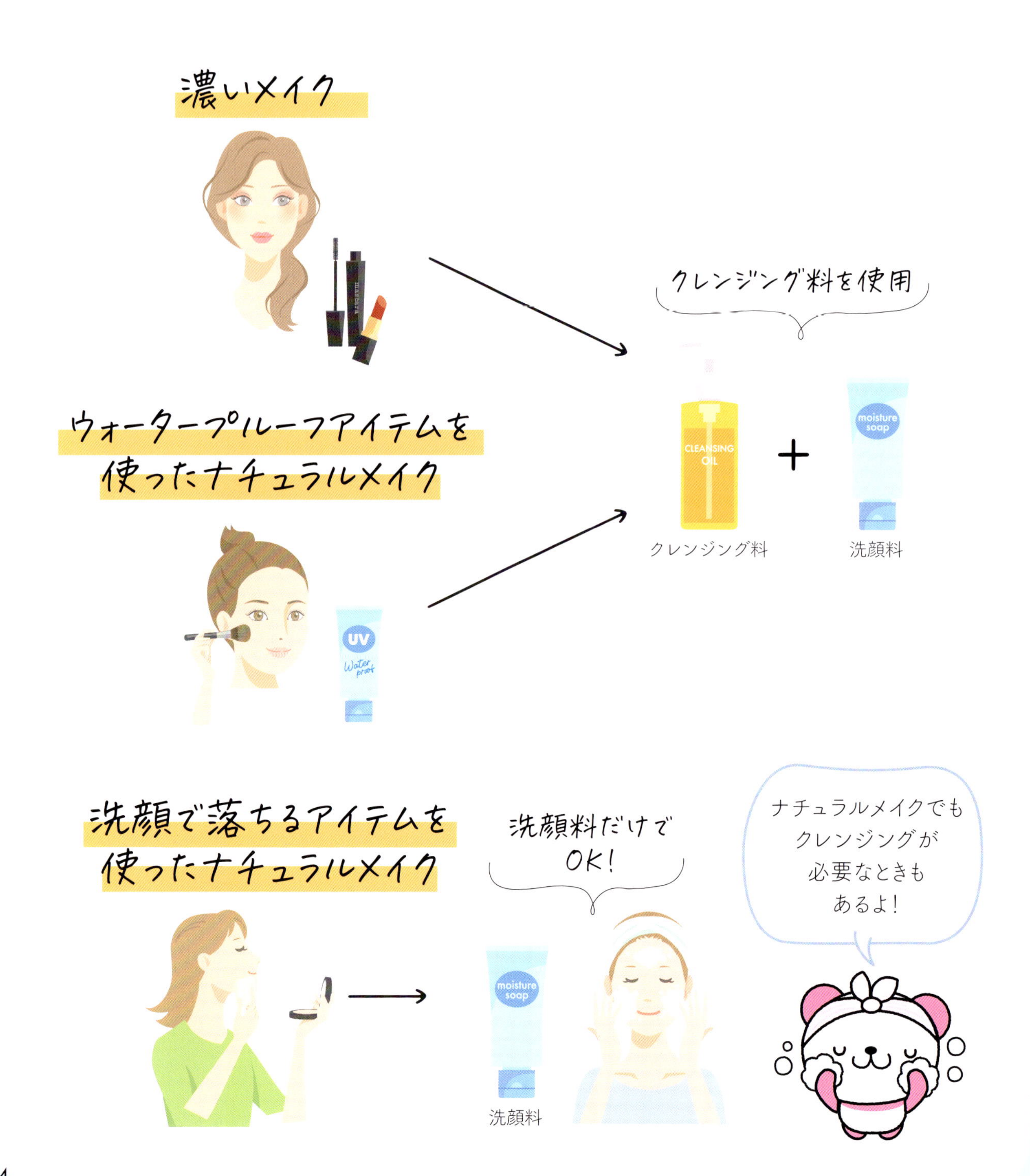

メイクは何度もこする方がしっかりとオフできる？

クレンジング料は**やさしく肌に伸ばし**、メイクとなじませます。このとき、メイクがなかなか落ちないからといってゴシゴシとこするのはNG。**強い摩擦は肌を傷め**、**色素沈着を起こしかねません**。手のひら全体を使ってやさしく行いましょう。

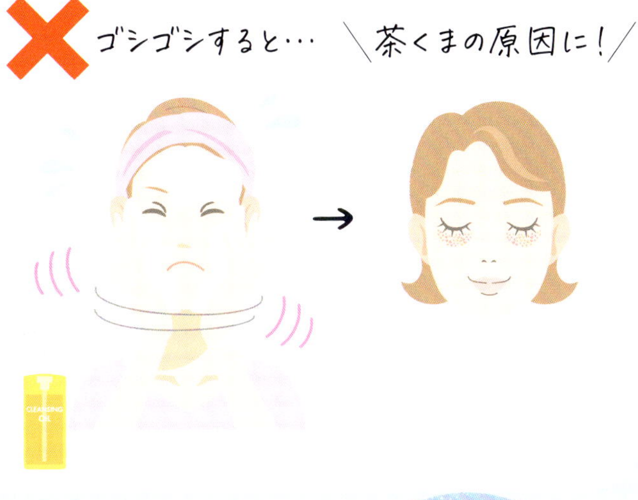

2 間違いがちな洗顔

日焼け止めだけの日は 洗顔料で落とすだけでよい？

メイクをせずに日焼け止めだけを塗る場合、洗顔料で落とせる日焼け止めの場合はクレンジング不要ですが、**洗顔料で落とせないウォータープルーフタイプ**などの日焼け止めを使ったときは**クレンジングをする**必要があります。

3級
スキンケア

朝はぬるま湯洗いだけでよい？

ぬるま湯洗いだけでも**汗やほこりを落とすことはできます**が、**油分**（**寝ている間に分泌された皮脂**や**前夜のスキンケアの油分**）や毛穴に詰まった汚れを十分に落とすことはできません。**酸化した皮脂**が残っていると炎症やニキビやくすみ、毛穴の開き、ざらつきなどの肌悩みの原因になるので、基本的には朝も洗顔料を使いましょう。

非常に乾燥していたり過敏になっていたりする場合などは、洗顔料の使用を最小限に抑えたほうがよいとされるから、朝は洗顔料を使用しないで洗う方がよいこともあるよ！

洗顔石けん（固形）は乾燥肌でも泡立ちのよいものを選ぶべき？

泡がもこもこしている方が肌の摩擦になりにくいことは事実です。
保湿成分をたっぷり含む枠練り（わくね）石けんは、**機械練り石けん**と比べると泡立ちにくいものが多いですが、その分**保湿力が高い**という特徴があります。

枠練り石けんでも泡立てネットを使えば、すばやくきめ細やかな泡がつくれます。肌が乾燥しているときには、泡立ちのよさだけでなく、**泡質や洗い上がりのしっとり感**にも着目しましょう。

※枠練り石けん・機械練り石けんについて詳しくは1級対策テキストP62、63参照

冬は寒いので、熱いお湯で洗顔する？

高温のお湯で洗顔すると**必要以上に皮脂を落としすぎ**てしまい、**洗顔後に乾燥しやすくなる**可能性があるため、熱すぎるお湯での洗顔は好ましいとはいえません。少し冷たく感じるくらいの**ぬるま湯**（**32～34℃**）での洗顔は、皮脂や汚れが適度に落とせて、本来の**うるおいを失いにくい**とされています。

熱いお湯

＼熱っっ!!／

皮脂の残存率［%］

温度［℃］

熱いお湯ですすぐと皮脂が落とされてしまう

汚れ落ちと水分蒸発のイメージ

✕ 皮脂　汚れ　冷たい水では汚れが落ちにくい

○ バランスよく汚れが落ちている　Good!

✕ 皮脂が取れすぎて水分蒸発

3 間違いがちな化粧水・乳液・クリーム

NG

化粧水を塗った後肌が完全に乾くまで待ってから乳液をつける？

化粧水をつけた後は、完全に乾くまで待たずに、**なじんだらすぐに乳液をつけましょう**。特に乾燥が気になる方は、すぐに**油分を配合した乳液やクリーム**、**オイル**などでふたをしてうるおいを守りましょう。

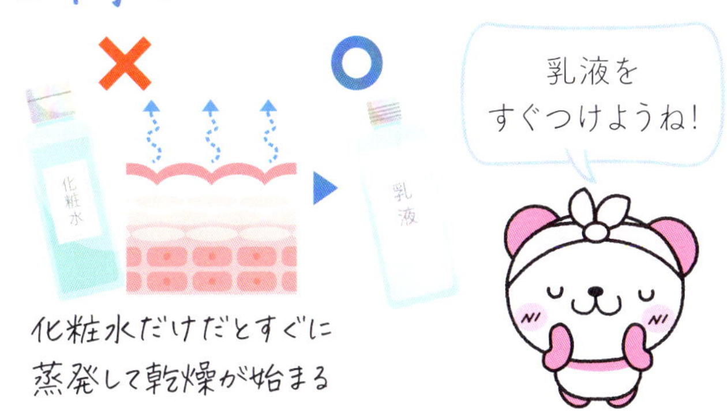

化粧水だけだとすぐに蒸発して乾燥が始まる

3級
スキンケア

肌がうるおっているお風呂上がりは、ゆっくりとスキンケアを始めてよい？

お風呂から出ると**湿度が一気に低下**してしまうため、**入浴後の肌は入浴前よりも乾燥**しやすく、**20〜30分後**には**「過乾燥」の状態**になります。タオルドライをしている間にも乾燥が始まっています。スキンケアはお風呂から上がったらすぐに行いましょう。

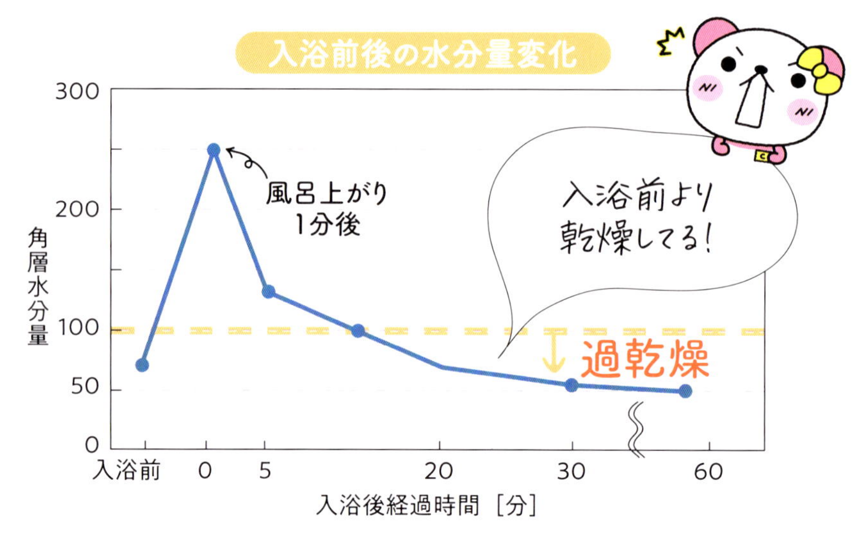

＊日本健康開発雑誌, 第39号, 2018年改変

夏はベタつくから乳液やクリームは塗らなくてよい？

夏でも**紫外線ダメージ**による肌の**うるおい保持力の低下**や、**エアコンによる空気の乾燥**などで一時的に肌が**乾燥**することがあるため化粧水だけで終わらせず、乳液やクリームも塗りましょう。

化粧水だけでは**肌表面**から**水分が蒸発してしまいますが、**乳液やクリームには、**うるおいをキープする効果がある**ので、肌表面から水分が蒸発しにくくなります。

4 間違いがちなスペシャルケア

シートマスクは 毎日しない方がよい？

毎日使用してもかまいません。ただし、**赤みや肌荒れ、日焼けによるほてり、敏感症状などがある場合**には、控えましょう。また、「週に○回」など、毎日使用することを推奨せずにおすすめの使用頻度が記載されている商品の場合は、その**推奨頻度を守って使用しましょう**。

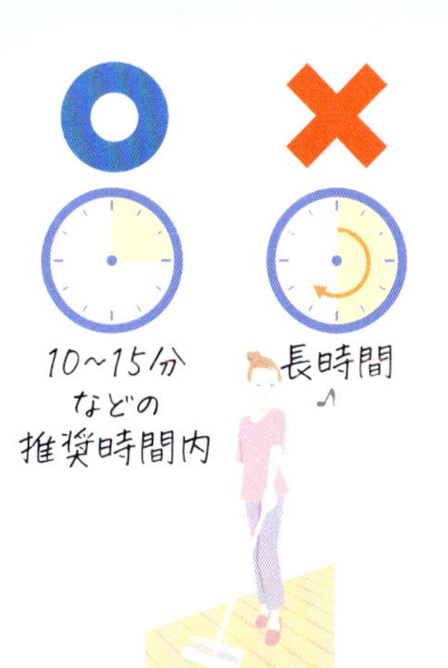

シートマスクはできる限り 長時間肌にのせるとよい？

長時間NG

より効果を得ようとシートマスクを長時間のせがちですが、商品のパッケージに書かれた**推奨時間よりも長く使用**すると、**シートマスクが乾きはじめ**、逆に肌の水分を奪って**乾燥**を招いてしまうことに。**各商品の推奨時間**を守りましょう。

ローラーはリフトアップのために スキンケアの前に行う？

ローラーをお手入れに使用するときは**摩擦**が起きないように**クリームやオイルなどを塗ってすべりをよく**した上で、**力を入れず脈拍と同じ程度のテンポ**を目安に行いましょう。何も塗らずに**長時間使用**することや、**力の入れすぎ**などで**摩擦**が生じて**炎症**を起こしてしまっては逆効果になるのでやりすぎないようにしましょう！

3級

スキンケア

ニキビは自分でつぶすと治りが早い？

ニキビを**自分でつぶす行為は非常に危険**をともないます。自己流で芯を押し出すと、**出しきれずに残ってしまったり**、爪を立ててむりやりニキビを押しつぶすことで**毛穴を傷つけて跡になったり**、汚れた手から**細菌が入り込んで悪化**してしまう可能性もありますので、自分でつぶすのは止めましょう。

医療行為でニキビの芯を出すのはOK

ニキビの原因となる**アクネ菌は酸素がない環境を好む嫌気性菌**です。皮脂をエサにするため、ニキビの芯（毛穴に詰まった**皮脂**や**角質**、**膿**など）を押し出す**医療行為の「面皰圧出（めんぽうあっしゅつ）」**を行うと、アクネ菌の増殖をはばみ、ニキビの悪化を防ぐことができます。

乾燥肌にできやすい大人ニキビには、油分の多いクリームやオイルで保湿するのが有効？

大人ニキビを予防するために**保湿は大切**ですが、ニキビができそうなときに**油分の多いクリームやオイルを使用すると悪化する**こともあります。保湿ケアには**ノンコメドジェニックテスト済み***の保湿美容液、ジェル、**油分の少ない**乳液など水溶性成分が中心のアイテムを使うとよいでしょう。

大人ニキビでも**炎症を起こして赤く**なったり、**黄色く膿んだりしている状態**の時は、その部位への化粧品使用はお休みし、**皮膚科を受診**することをおすすめします。

大人ニキビができていても、目元や口元が乾燥する場合は、ニキビの部位をさけ、乾燥する部分だけにクリームやオイルを使うのはOKだよ！

*ノンコメドジェニックテスト済みとはコメド（ニキビの初期段階）が発生しにくいことを確認するテストが行われたこと。すべての人にニキビができないわけではありません

肌を冷やすと
毛穴そのものが小さくなる？

冷水で肌を冷やしたり、収れん化粧水（引き締めローション）を使ったりすることで、開いていた毛穴が引き締まり、小さくなったように見えます。毛穴が引き締まることで、メイクくずれを防いだり、毛穴を目立たなくすることも期待できます。

▼

- ○ 一時的に毛穴を引き締める
- ○ メイクくずれを防ぐ
- × 毛穴そのものが小さくなる

ただしこれは一時的な効果で、皮膚温の上昇とともに毛穴は元の大きさに戻ります。毛穴の開きが気になる場合は、普段から毛穴が開く原因となる過剰な皮脂分泌を抑える、酸化した皮脂を洗顔料で洗い流すなどのお手入れをしましょう。

※毛穴悩みのお手入れについて詳しくは2級対策テキストP70-73参照

美白コスメはシミができてから使えばよい？

美白化粧品のほとんどは、肌の中でメラニン（黒褐色の色素）の生成を抑え、シミ・ソバカスを防ぐ効果が中心のため、シミができて定着してしまう前＝「予防」のために使うのが効果的です。長期的に使用することで、シミとしてあらわれる前のごく初期の段階、もしくは一時的にメラニンが多くつくられている状態であれば効果を期待できます。

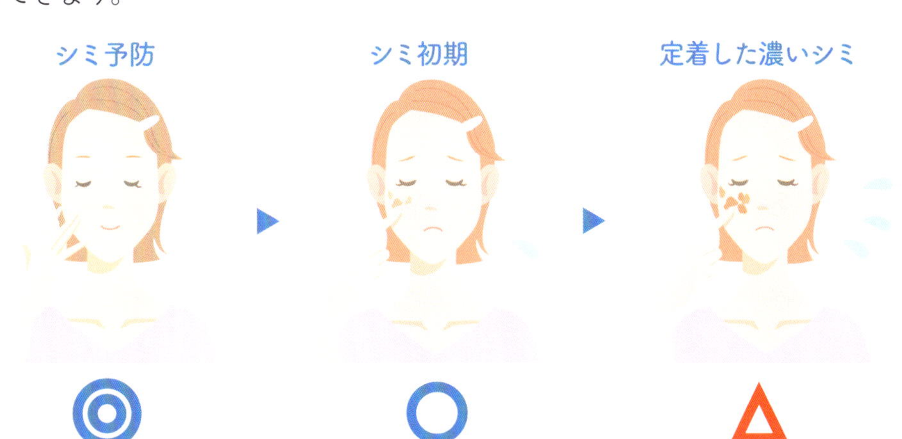

美白コスメを使うタイミング	シミ予防	シミ初期	定着した濃いシミ
	◎	○	△

シミ（老人性色素斑）は、定着して濃くなった後に美白化粧品で消すことは難しいといわれているよ！日頃からしっかり紫外線対策をしておこう！

※美白有効成分の働きについて詳しくは2級対策テキスト P74-79参照

5 スキンケアの素朴な疑問

化粧品は、冷蔵庫で冷やしたり、お風呂のお湯で温めてもよい？

避けるべき保管場所
- 高温多湿
- 温度変化
- 直射日光

直射日光 ×

化粧品は**高温多湿や温度変化の大きい場所を避け、直射日光の当たらない場所**で保管しましょう。

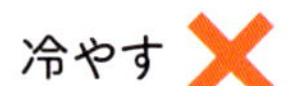

夏場に冷たい化粧水で肌を引き締めたい、シートマスクをお湯で温めて浸透性を高めたい、などがあっても、化粧品は**温度変化が原因で品質が損なわれることもあります**。使用方法として記載されていない使い方をしたい場合は、メーカーに確認してみましょう。

品質保証上、冷蔵庫保管が必要な商品もあるよ。その場合はパッケージに記載があったり、購入時に説明されたりするよ！

化粧品には使用期限が書いていないので、ずっと使い続けても大丈夫？

適切な条件下で保管された上で**製造から3年以上品質が保たれる化粧品には、使用期限を表示しなくてよい**ことになっています。しかし、消費者の手元に届くまでに倉庫で保管されていたり、店頭に並んでいたりする期間もあるため、**購入後は1年以内に使い切った方がよいでしょう**。

また、一度開封した化粧品は手指または空気中の微生物（細菌）による二次汚染などにより品質が劣化することがあるため、**できるだけ早めに使い切る**ようにしましょう。

※使用期限の記載がある商品は、必ず期限内に使い切りましょう

無香料と表示があれば、その化粧品はにおいがしない？

「**無香料**」「**香料フリー**」とは、**香料が入っていない**という意味。香りがないということではなく、配合されている原料や精油のにおいがする場合があります。

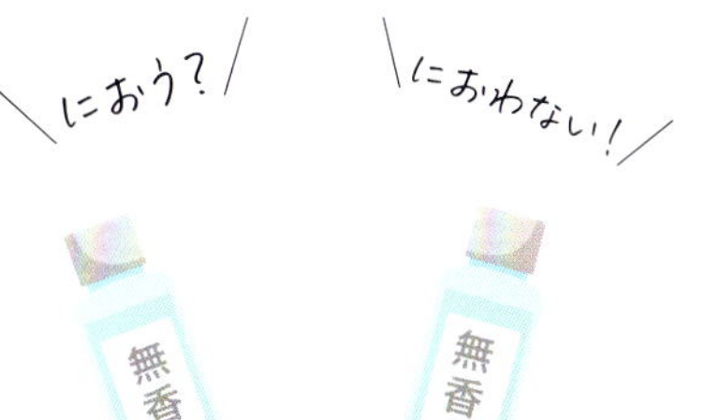

「無香性」「ノンパフューム」と表示されている化粧品は、基本的ににおいがない（感じにくい）というものです。

赤みの原因はデトックス反応？

新しい化粧品を使って肌に赤みが生じたとき、「肌がよくなっていく過程で起こる好転反応」「悪いものがデトックスされている証拠」などと思ってしまうのは**大きな間違い**です。ヒリヒリしたり赤くなったりするのは、紛れもなく**皮膚が炎症を起こしている**状態。

化粧品に含まれる成分に**かぶれ**たり、**アレルギー反応**を起こしたりしている可能性があるので、**直ちに水で洗い流し、使用を中止**しましょう。症状が気になる場合は、皮膚科専門医に相談しましょう。

海外でも日本でも同じ商品名のものであれば中身は変わらない？

日本と海外では同じ商品名でも、**それぞれの国の法律に従って配合成分が規制されたりその量が異なったりすることがあるため**、販売されている**中身が異なる**ことがあります。化粧品の配合成分等を規制する**法律**は、国や地域によって異なるため、**成分や配合量を法律に合わせて変更**しているものもあります。

※法規制について詳しくは1級対策テキストP196-234参照

海外コスメは角層の薄い日本人には刺激になってしまうこともあるから、使用する場合は注意が必要だよ！使うか使わないかは自己の判断と責任。お土産で人にあげたりもらったりする際も注意しよう

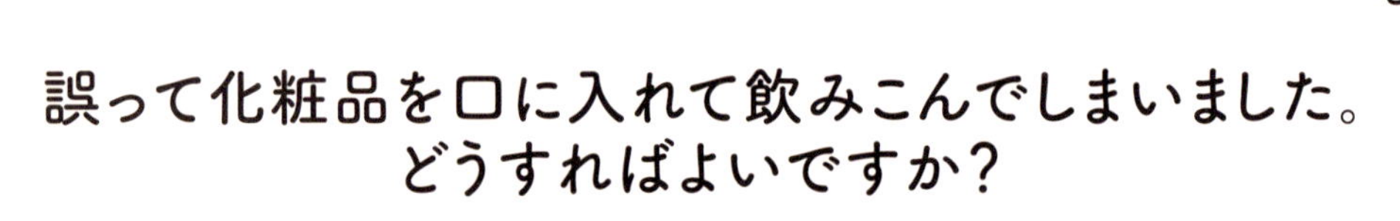

誤って化粧品を口に入れて飲みこんでしまいました。どうすればよいですか？

化粧品を飲み込んでしまった際には、まずはその**商品の相談窓口**に問い合わせ、対処方法を確認しましょう。化粧品のほとんどは、万が一飲みこんでしまっても、微量であればほとんど問題はありませんが、体調に異常が見られた場合は、**直ちに医療機関を受診**しましょう。受診する際には、**飲みこんでしまった化粧品と全成分表示の書かれたものを持参**してください。
化粧品はすべて、**乳幼児の手の届かない所**に置くようにしましょう。

要注意アイテム

原料にアルコールを多く含む香水、酸化染料を配合したヘアカラー、アセトンなどの有機溶剤を配合したカラーエナメル（ネイルポリッシュ・ネイルカラー）やエナメルリムーバー（除光液）は、特に注意が必要です。

ヘアカラー　香水　カラーエナメル　エナメルリムーバー

アルコールって肌にどんな影響がある？

化粧品の成分には、「●●**アルコール**」**という名称のものがいくつもあります**が、一般的に「**アルコールフリー**」**のアルコールは**「**エタノール**」を指します。**エタノール**は一般的に肌を引き締めたり、肌にのせたときのスーッとした**清涼感やさっぱり感**、**べたつかないさらっとした感触を出すことができる**など、さまざまな効果や働きをもつ成分ですが、アルコールに過敏な肌の人は、まれに、かぶれや刺激を感じることもあります。

“アルコールフリー”のアルコール成分はどれ？

化粧品で
「アルコール」と
つく成分
○ エタノール
× フェノキシエタノール（防腐剤）
× ステアリルアルコール（油性成分）

※各成分について詳しくは1級テキスト「化粧品の原料」を参照

間違いがちなUVケア

UVケアの必要性が
増している昨今、
きちんと紫外線をブロックできていますか?
せっかく対策をしていても、間違った方法では
効果が薄くなっている可能性も!
気をつけたいUVケアのポイントを
お伝えします

間違いがちなUVケア

紫外線のうそ・ほんと

間違い	正しい
日焼けは健康的である 日焼けは太陽紫外線を防いでくれる	日焼けは健康の証ではなく、**紫外線によるダメージから守ろうとする防御反応**です。しかし、その防御効果は**SPF4程度**のため、日焼け止めや、日傘や帽子などで紫外線をカットする必要があります 
曇った日には日焼けしない	**薄曇り**の場合、紫外線量の**80**%以上が通過するため、日焼けします 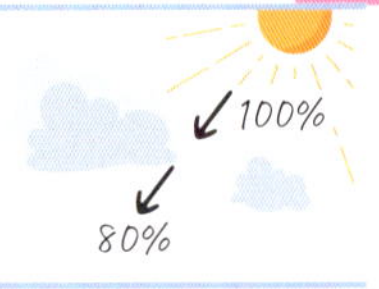
水辺では日焼けをしない	水面の反射は紫外線を浴びる量を**増やす**ので、日焼けしやすいといえます。また、水はわずかな紫外線しか防いでくれないため、水中でも日焼けします 
冬の間は 紫外線対策を しなくてよい	一般的に冬の紫外線量は**少ない**ですが、日焼けはします。特に**雪による反射により浴びる量が2倍近く**なります。**標高が1000m高く**なると、紫外線の量が**10%増加**するので、**雪山ではより注意**が必要です 
日焼け止めを 塗っていれば、 非常に長い時間 日光を浴びても大丈夫	日焼け止めは、紫外線を浴びることが避けられないときに、防止効果を高めるためのもので、**すべての紫外線をカットすることはできません**。日焼け止めを塗っているからといって安心せず、日傘や帽子なども活用して、**できるだけ紫外線に当たらない**ようにしましょう 
日光浴の途中で定期的に 休憩をとると、日焼けしない	**紫外線を浴びた量**は**蓄積**されているため日焼けします
太陽の光に暑さを 感じないときには 日焼けしない	**暑さを感じる**のは紫外線ではなく、**赤外線によるもの**です。そのため、**暑さを感じなくても日焼けする**ことはあります 

＊世界保健機関（WHO）：Global solar UV index-A practical guide-2002 参照

SPF30の日焼け止めとSPF20のファンデーションを重ねるとSPF50になる？

SPF(**Sun Protection Factor＝紫外線防御指数**)は、**UV-B**による**日焼け**(**サンバーン**)**をどのくらい防ぐことができるか**の指標です。そのため、それぞれの紫外線防止用化粧品で別々に測定されたものを、SPF30＋SPF20＝SPF50のように、**単純に足し算で考えることはできません。**

日焼け止めは2度塗りが基本。その上にUVカット効果のあるファンデーションやUVカットパウダーを重ねることで**防御**効果を高めます。

腕や脚に塗った日焼け止めはすべて、ボディソープで洗えば落ちる？

ウォータープルーフではない日焼け止めは、石けんやボディソープなどの洗浄料で大部分は落とすことができます。

汗や水に強いウォータープルーフタイプの日焼け止めは、**耐水性**にすぐれているため、商品によっては**専用のクレンジング料**が必要なものや、**オイルクレンジングで落とす**ことを推奨しているものもあります。

ボディソープだけでは落ちない →

専用クレンジング or オイルクレンジングでオフ

それぞれの商品に表示された落とし方に従ってね

スマホやパソコンから出るブルーライトでシミが濃くならないよう夜も日焼け止めが必要？

液晶画面からのブルーライトは、肌への影響がほとんどないため、夜にブルーライトカット効果つきの日焼け止めを塗る必要はないでしょう。

肌ダメージ極小

液晶画面からのブルーライト

スマートフォンやパソコンなどの液晶画面から放出されるブルーライトの量は、太陽光に含まれる**数百分の一ほどの微量なので、肌への影響はほとんどありません。**

ブルーライト

肌ダメージ大

太陽光からのブルーライト

太陽光の中には、紫外線、赤外線、ブルーライトなど、さまざまな波長のものがあります。**太陽光中のブルーライトは強度が高く**、シミが濃くなるといったデータがあります。

ブルーライト

室内では日焼け止めは必要ない？

紫外線の一部（UV-A）は室内でも窓ガラスを通して入り込みます。UV-Aは肌の深いところまで届き、ダメージを与えるのでシワやたるみの原因になります。そのため、室内で過ごす日でも日焼け止めや紫外線カット効果がある下地、ファンデーション、フェイスパウダーなどを使用するとよいでしょう。

UV-A
UV-Aは
窓ガラスも透過
シワ・たるみの
原因に

室内でも
日焼け止めが
必要だよ!

日焼けして肌がほてっているときも いつもと同じお手入れをしてもよい?

日焼けで肌がほてっているということは、**肌に炎症が起こっており、軽い火傷状態にある**ともいえます。そのため、**いつもと同じお手入れはやめ**、なるべく早く冷たいタオルやシャワーなどを当てて**冷やしましょう**。日焼け後の肌は敏感になっているので、日焼け止めを落とすときはいつも以上にやさしく洗います。ほてりがおさまったら、美白化粧水でシミ対策をしながら**水分をいつもよりたっぷり補ったり**、シートマスクをしたりするなど念入りに保湿ケアを行いましょう。

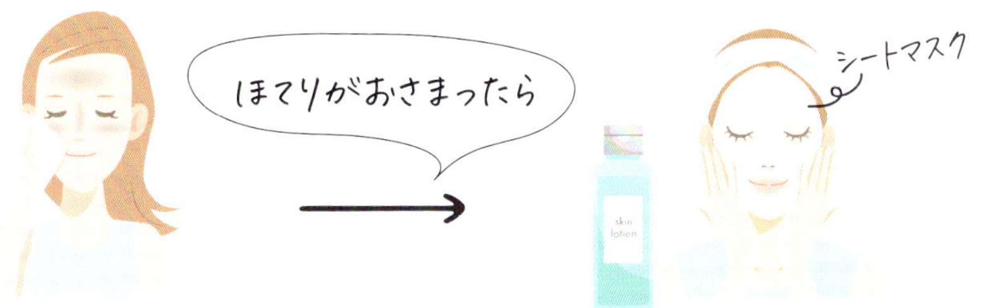

水でぬらしたタオルで冷やす

美白化粧水などをたっぷりと!

日焼けの症状がひどい場合(ヒリヒリした痛みがおさまらない、水ぶくれや腫れがあるなど)は、皮膚科専門医の診察を受けるようにしてね

昨年の夏に使っていた日焼け止めは今年の夏も使ってよい?

一度開封した日焼け止めは、翌年まで保管せず、**なるべく早く使い切るのがのぞましい**でしょう。

ダメ!

開封してから**1年**以上、**直射日光**や**高温多湿**など、保管に適さない環境で放置していると、中身が分離する、変なにおいがする、色が変わるといった変質が起こることもあるよ。手に出してみて変質が起こっていた場合は使用しないようにしよう

間違いがちなメイクアップ

日々のメイクアップ方法や
アイテムの使い方、道具のお手入れで、
あれ？　そういえば……
と、迷ってしまうこともあるのでは？
疑問を解決して
魅力を増すメイクアップを
楽しみましょう。

7 間違いがちなベースメイクアップ

リキッドやクリームファンデーションに、乳液やオイルを混ぜて使ってよい？

化粧品は本来、混ぜずに単独で使うようにつくられています。複数の商品を混ぜることで、それぞれの特徴や成分の働きなどが損われてしまうことがあります。特に、**容器の中に直接入れて混ぜると微生物（細菌）による汚染が生じる**可能性があるので厳禁！ 混ぜずに、表示されている使用方法で使いましょう。

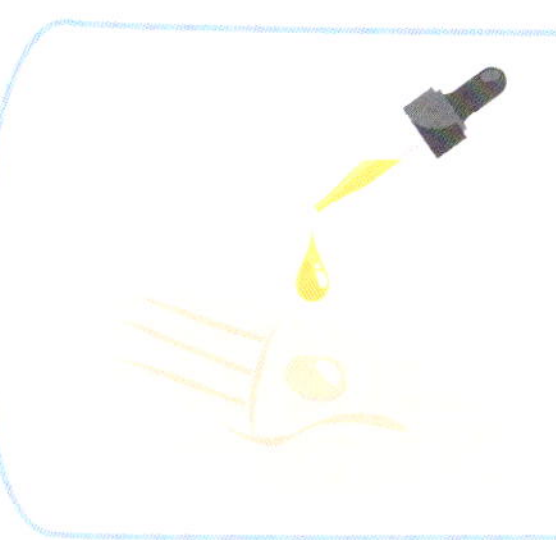

混ぜるなら使う分だけ！

どうしても混ぜたい場合は、そのときに使う分だけを容器から出して、手のひらなどで混ぜ合わせ、すぐに使おう!

メイクを毎日すると肌に負担がかかる？

一般的なメイクアップ化粧品は、**肌への負担にならない**ようにつくられています。特にファンデーションなどのベースメイクは、健康な肌状態であれば負担をかける心配はありません。むしろ、**ベースメイクをする**ことで**水分を保持**したり**皮脂をコントロール**したりするだけでなく、紫外線や空気中の微粒子（PM2.5や花粉）などによるダメージから肌を守り、**肌荒れを防ぐ**ことができます。

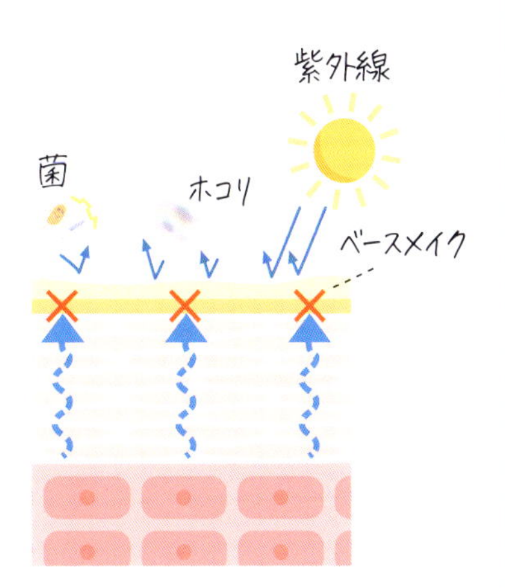

ただし、メイクを落とすときにこすりすぎるなど**過度なクレンジング**を行うと、肌の皮脂やうるおいを取りすぎてしまい、肌の負担になることがあります。メイクはやさしく落とし、落とした後は**しっかりと保湿ケア**しましょう。

日焼け止めを塗っていれば、化粧下地を使わなくてもよい？

化粧下地には、ファンデーションとの密着性を高め、美しい仕上がりを持続させる働きがあるので、ファンデーションの前に使用するのが基本です。

評価	組み合わせ	説明
◎	日焼け止め＋化粧下地＋ファンデーション	UVカット効果のある化粧下地であれば日焼け止めを省くことはできますが、しっかり紫外線をカットするなら、日焼け止めを塗った後に化粧下地をつけ、両方使用するのがよいでしょう。
○	UVカット下地＋ファンデーション	
△	日焼け止め＋ファンデーション	日焼け止めで代用すると、ファンデーションがムラづきしたり、カバー力が足りなかったり、化粧下地を使用したときに比べてヨレや化粧くずれが起きやすくなるなど、仕上がりに差が出ることがあります。

多くのメーカーは同じブランドで化粧下地とファンデーションをセットで使ったときの密着性・くずれと化粧もち・カバー力のバランス・仕上がりの美しさなどをチェックした上で、相性のよいものをつくっているよ

ファンデーションは顔全体に均一に伸ばすべき？

均一ではなく、塗る部分によってつける量を変えましょう。特に皮脂の多いTゾーンや、皮膚が薄く乾燥しやすい目元や口元、表情の動きによってくずれやすい眉間や目尻、ほうれい線などにはファンデーションを薄くつけましょう。化粧くずれが予防でき、自然な仕上がりになります。
一方、シミなどの肌トラブルが目立ちやすい頬は、動きが少なくくずれにくいので、少し多めにつけてしっかりカバーしましょう。

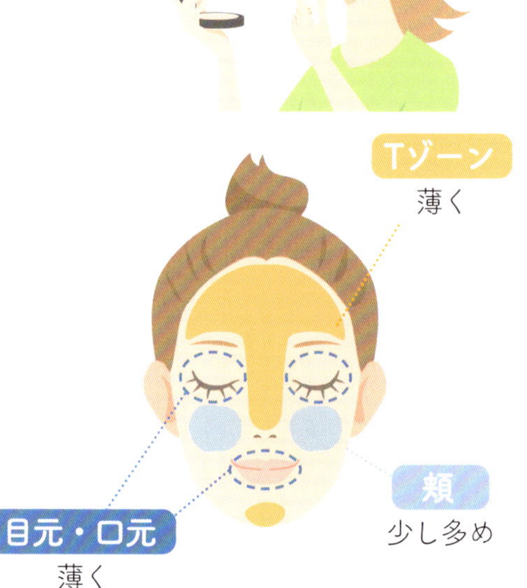

屋外に出ると思っていたより メイクが白浮きしていることがあるのは、テクニックの問題？

テクニックだけでなく、**光の影響**も大きいと考えられます。室内の照明と屋外の太陽光では色の見え方が異なるため、自分が思っていた仕上がりとの差が生まれることも。

白浮きや濃いメイクになることを防ぐには、**太陽光の入る部屋でメイクをしましょう**。難しい場合は、より**太陽光に色が近い照明**（**昼白色**など）に変えてみるのもおすすめです。

8 間違いがちな ポイントメイクアップ

ウォータープルーフのアイライナーや マスカラを使っていれば絶対ににじまない？

ウォータープルーフタイプの化粧品は**耐水性**が高く、**汗・涙・水などに対して落ちにくい**アイテムです。また、皮脂や化粧品の油分に対しても、通常の化粧品に比べると落ちにくくできています。ただし、絶対ににじまないとはいい切れず、**強い摩擦など**によってよれてにじんでしまうことも。

ウォータープルーフアイテムは何に対して効果的？

耐水性	高	汗、涙、水
耐油性	中	皮脂、油分

パンダ目にならない メイクテクニック

目の下のきわ

フェイスパウダーなどで目のまわりの油分を抑えておく。

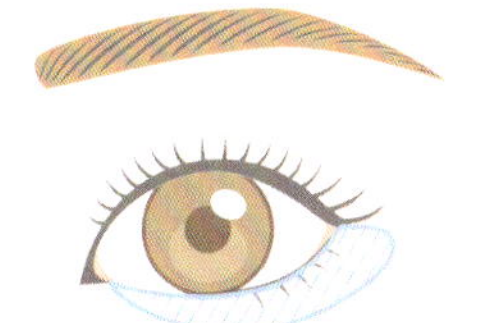

目尻・目頭

特ににじみやすい人は、目尻と目頭は涙でくずれやすいので、マスカラを**黒目の上部分だけに塗る**とよい。

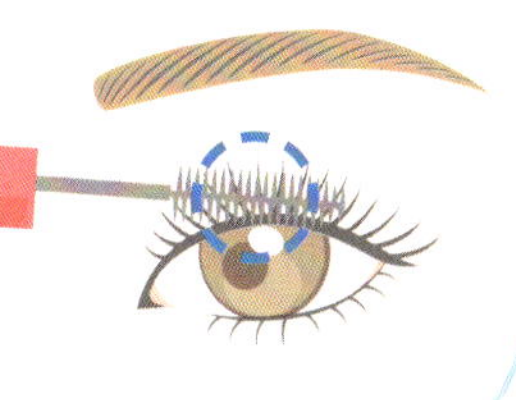

眉を描くとき、はみ出した毛は全部抜いてしまってよい?

眉毛は何度も抜いてしまうと**生えてこなくなることがあります**。余分な毛は抜くのではなく、**専用のハサミでカット**しましょう。

描きたい眉の仕上がりラインの**5㎜以内**にあるものは、抜かないようにしましょう。

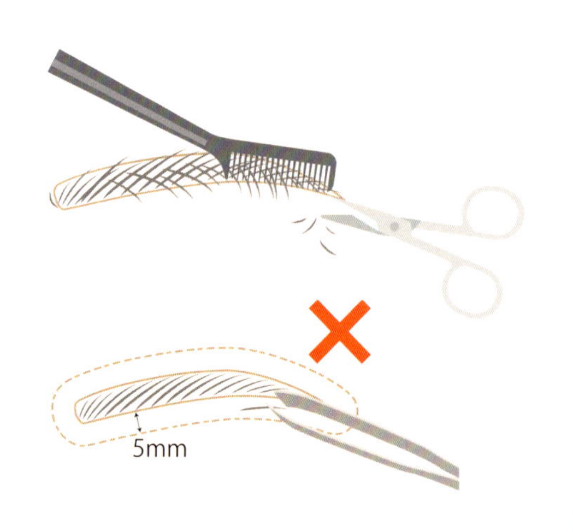

スポンジやパフを洗うのは月1回くらいでよい?

メイクや皮脂汚れが付着してしまうスポンジやブラシ類は、**細菌がとても繁殖しやすく**なっているので、それぞれのツールに合わせたお手入れが必要です。

スポンジ類 基本的に**使うたびに洗う**ことを心がけ、同じ部分を2回以上使わないようにしましょう。

洗う回数を減らしたい場合は、**1度に使う部分をスポンジの片面半分**に限定すると、両面で4回は使えるよ!

※裏表同じ材質の場合

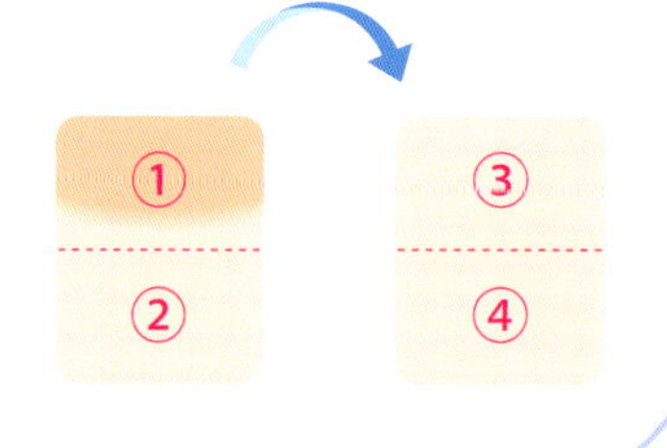

ブラシ類

使うたびに、**ティッシュでブラシに残ったメイクや汚れを丁寧にふき取り**ます。ブラシは、**洗いすぎると毛が傷みやすく**コシがなくなってしまうこともあるため、汚れが目立つ、粉含みが悪い、仕上がりがよくないなどを感じたときには、**専用クリーナー**で洗いましょう。

※天然毛のブラシは専用クリーナーを使いましょう
※スポンジやブラシの説明書に従いましょう

アイラッシュカーラーのお手入れはきちんとできていますか？

使った後は、毎回ティッシュでカーラーについた**メイクや汚れをきちんとふき取ることが大切**です。

ゴムの中心部分にくっきりとラインが入ってしまった劣化した状態で使い続けると、まつ毛が切れたり抜けやすくなったりするなどトラブルの原因に。**ゴムが劣化する前**に取り替えよう！

目の周辺に使うメイクアイテムは開封したら定期的に新しいものに交換を！

メイクアイテムの中でも目の周辺に使用する**アイライナーやマスカラは、3カ月程度**で乾燥して描きにくくなったり使いにくくなったりする場合があります。そのときは新しいものに交換するとよいでしょう。

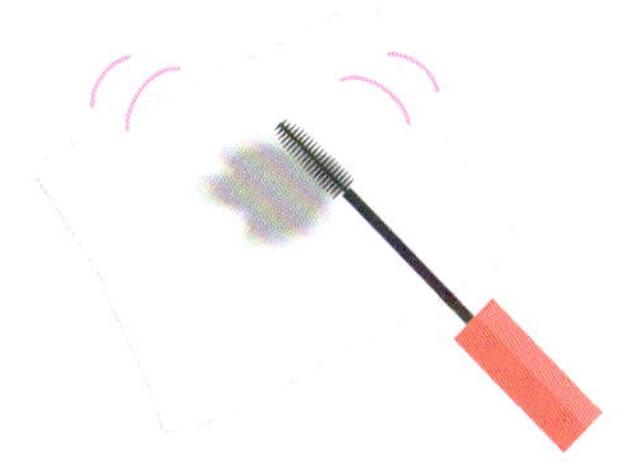

直接肌につけるアイライナーの筆やマスカラのブラシは、清潔にしていないと**微生物（細菌）が繁殖しやすく**なります。さらに目の粘膜につく可能性が高いため、繁殖した**細菌**によって結膜炎やものもらい、充血やかゆみが引き起こされる場合があります。**細菌**の過剰な繁殖を抑えるためにも、**使用するたびにティッシュで汚れをふき取る**など、**清潔に保つ**習慣をつけましょう。

つけまつ毛を使うときの注意点はこれ！

目元の印象をアップするのに効果的なつけまつ毛。上手に使うためにいくつかポイントがあります。

ポイント①

つけまつ毛を**10回程度**曲げたり伸ばしたりして**やわらかくする**と、目のカーブにフィットしやすくなります。

ポイント②

つけるときに使用するグルー（のり）は、まつ毛部分につかないようにしながら**たっぷり**と。グルーが**少し乾いて透明になってから**、まつ毛のきわにのせるとつけやすくなります。

ポイント③

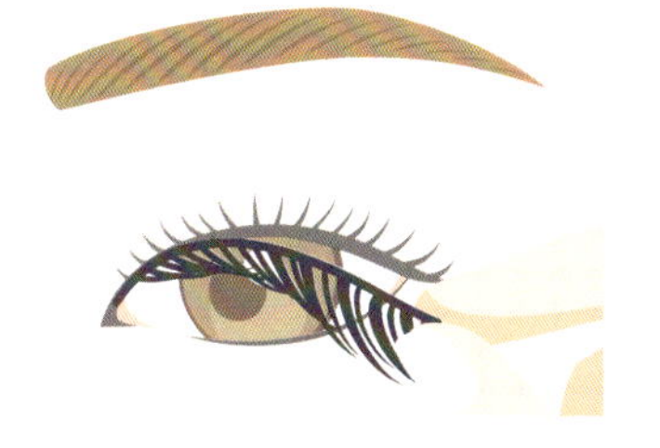

はずすときは目尻から目頭に向かってゆっくりと引っ張る。勢いよくはずすのは厳禁！ 地まつ毛を傷め、抜けてしまう原因になるだけでなく、まぶたの皮膚にもダメージを与えるため避けましょう。

間違いがちなボディケア

スキンケアや
メイクアップに比べて
思い込みでケアを続けていることも多い
ボディケア。
正しい知識を身につけて
ボディも美肌を目指しましょう。

間違いがちなボディケア

ボディクリームは身体全体に均一に塗る方がよい？

身体の部位によって**角層の厚さや皮脂の分泌量が違い**、**乾燥**の度合いも異なるため、部位によってボディクリームを塗る量を変えましょう。
皮脂腺が少なく乾燥しやすい腕や**脚**、**角層が厚く**荒れやすい**ひじ・ひざ・かかと**などは、ボディクリームを**多めに**塗ってしっかりとケアをしましょう。
一方、**皮脂腺が多い身体の中心部**（**背部**、**腹部**、**胸部**）は少なめでもよいでしょう。

※ボディの皮膚の特徴について詳しくは1級P114参照

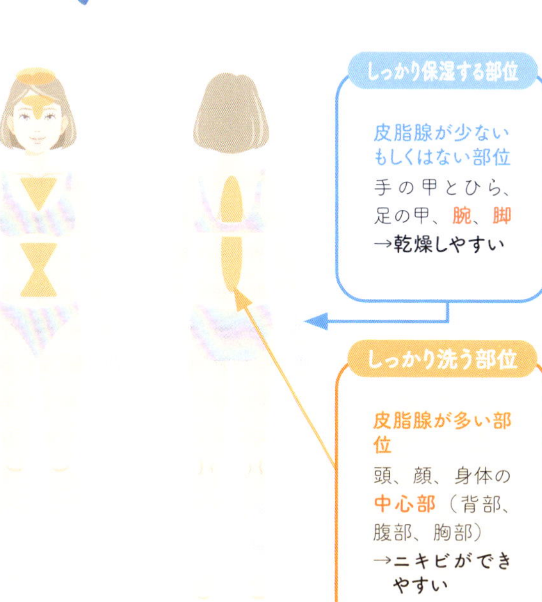

しっかり保湿する部位
皮脂腺が少ない
もしくはない部位
手の甲とひら、
足の甲、腕、脚
→乾燥しやすい
しっかり洗う部位
皮脂腺が多い部位
頭、顔、身体の
中心部（背部、
腹部、胸部）
→ニキビができやすい

背中のニキビはしっかりこすって洗うとよい？

ニキビができている背中をゴシゴシこすると、**過度な摩擦が刺激となり**、肌やニキビを傷つけて悪化させてしまう可能性があります。**背中は皮脂腺が多い**ため、皮脂をしっかり落とせる**洗浄力の高い**石けんやボディソープでやさしく洗いましょう。

洗う順番

シャンプーやトリートメントのすすぎ残しが顔や身体に付着したままだと、ニキビや肌荒れなどのトラブルの原因になることも。**髪を洗った後に顔や身体を洗いましょう。**

頭髪 → 顔 → 身体

熟睡するためには、熱めのお湯につかった方がよい？

熱めのお湯でなければお風呂に入った感じがしないという人は要注意!! 入浴時のお湯の温度によって自律神経の働きが変わります。

湯の温度が睡眠に与える影響

	ぬるめの湯	熱めの湯
湯の温度	夏 38〜39℃ 冬 38〜40℃	41℃以上 ※心肺系の疾患がある方は、高温での長湯は避けましょう
効果	副交感神経の働きが高まりリラックス効果が得られる	交感神経の働きが高まり覚醒効果が得られる
おすすめの入浴シーン	夜寝る前 疲れているときや運動後	朝、眠気を覚ましたいとき

41℃を超える熱いお湯につかると、**交感神経の働きが高まって**熟睡しにくくなります。一方、ぬるめのお湯（夏：38〜39℃、冬：38〜40℃）は**副交感神経の働きが高まる**ので、**リラックス効果**が得られ、熟睡しやすくなります。

夜の入浴は、**就寝1〜2時間前までに**済ませておこう。眠りにつく頃に**体温が下がっていく状態**にすることで**良質な睡眠**につながるよ

カミソリでそると体毛が太くなる？

よく耳にする話ですが医学的根拠はなく、**そることで太くなることはありません。**カミソリでそった後に生えてきた毛は、**毛先よりも切り口の断面が大きい**ので、太く見えてしまうことがありますが、実際は同じ太さです。

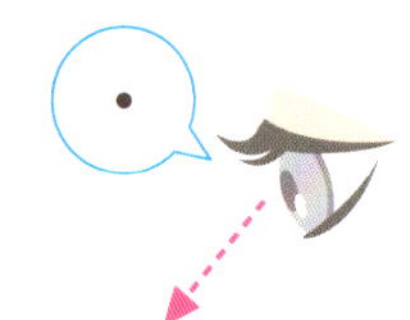

女性に加齢臭はない？

加齢臭の原因となる物質「2-ノネナール」は「おじさん臭」ともよばれていたので男性特有の体臭というイメージがありますが、実際は女性にもあります。

2-ノネナールは、年を重ねると増加する皮脂中のパルミトレイン酸という脂肪酸が、皮膚表面の細菌などにより酸化・分解されることで発生します。

頭部や首の後ろ、耳のまわり、胸元、わき、背中など皮脂腺が多い部位で発生し、男女ともに40代を過ぎた頃から増えていきます。男性に比べると女性は皮脂量が少なめですが、加齢臭はあるのです。

加齢臭を防ぐ方法

動物性の脂肪を摂りすぎない

ビタミンCやポリフェノールなど抗酸化効果のある栄養素を摂取

有酸素運動で中性脂肪を減らす

皮脂腺の多い背中や胸を中心に洗浄・消臭する

においの対策に制汗スプレーを使う場合は、汗をかく前ではなく、汗をかいてから使うのが効果的？

制汗スプレーは、クールダウンや汗によるベタつきを抑えるために、汗をかいた後に使うものだと思っている人もいるのでは？ 実は、制汗スプレーを**消臭目的で使う**場合は、**汗をかく前に使うのが効果的**です。

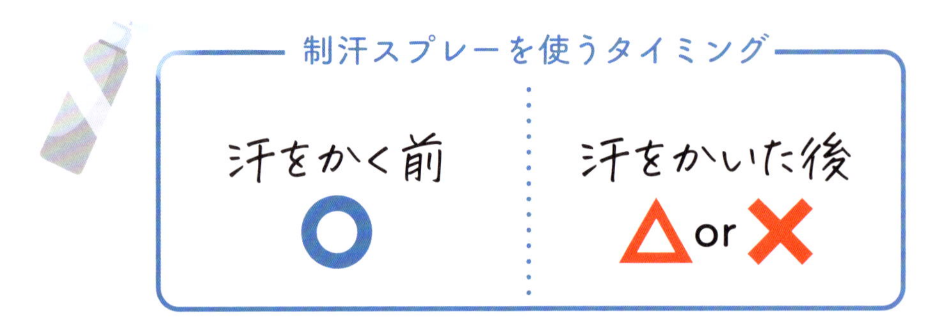

制汗スプレーを使うタイミング
汗をかく前
○
汗をかいた後
△or✕

汗は**本来無臭**ですが、**汗に含まれる成分**が時間の経過とともに**皮膚表面の細菌によって分解される**ことなどでにおいが発生します。そのため、**事前に**制汗スプレーを使うことで、殺菌効果により菌の増殖を防ぎます。また発汗そのものを抑えることで、においの発生を効果的に抑えることができます。

エアゾール製品の車中置き忘れは危険！

ヘアスプレーや制汗スプレーといったエアゾール製品は**40℃**以上の高温下に置いておくと、容器の破裂や引火、爆発が起きる可能性があります。車の中も日が当たると温度が高くなることもあるため、エアゾール製品を置いておくのは危険です。

使い終わったエアゾール製品は必ず火気のない屋外で、残った中身やガスを完全に抜いてから、住んでいる地域で定められたルールに合わせて廃棄しようね。

間違いがちなヘアケア、ネイルケア、デンタルケア

髪や爪、歯といった
パーツのお手入れは、
習慣のようになってしまい、
見直すことが少なくなっていませんか？
いつものお手入れが正しいかを
チェックしてみましょう！

10 間違いがちなヘアケア

シャンプーやコンディショナーに配合されるシリコーン（シリコン）は毛穴に詰まるからよくない？

シャンプーやコンディショナーなど**インバス製品に配合**されている**シリコーンオイル**は、**すすいだ後に残る量がわずか**であることや、**頭皮の皮脂とはなじまない**という性質であることから、**毛穴の詰まりを起こすことはありません。シリコーンオイル**は、**髪をコーティング**し、**洗髪やすすぐときのすべりをよくする**ことで、毛髪同士の摩擦やからみを軽減する効果があります。

シリコーンオイルは水で洗い流される

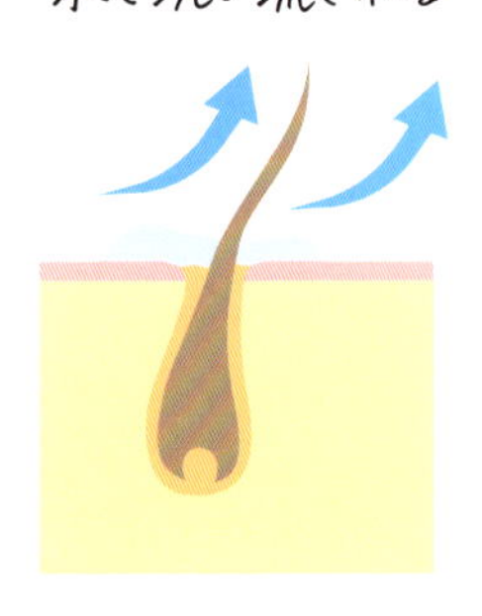

正式名称はシリコンではなくシリコーンだよ！

※ヘアケア化粧品について詳しくは1級対策テキストP144-153参照

シャンプーの泡立ちが悪いときは、2度洗いした方がよい？

通常は、**1度洗いで十分**です。洗いすぎると**頭皮の油分が必要以上に失われて**乾燥してしまうので、洗いすぎないようにしましょう。

落としにくいスタイリング剤を使って1度洗いで落ちなかったときや、皮脂が多いことで頭皮がベタつき、洗ってもかゆみが残るときなどは**2度洗いが必要な場合もあります**。

ふだんのシャンプー

○ 1回

× 2回

予洗いを念入りに

泡立ちが悪いと感じる場合は、**予洗いが不足している**可能性があります。予洗いは、頭皮から髪の毛1本1本にお湯が行き渡るように流し、きちんと洗い流せていると感じてからさらに10秒程長めを意識して行うのがポイントです。予洗いを念入りに行うだけでも、**髪についた花粉やチリ、ほこりなどの汚れはだいたい落とすことができ**、シャンプーの泡立ちもよくなります。

アウトバストリートメントは ドライヤーで髪を完全に乾かしてから使う?

洗い流さないアウトバストリートメントは、基本はドライヤーを使う前の**タオルドライ後、髪が半乾きの状態で使用**しましょう。ドライヤーで乾かした後にも使えますが、**前**に使うことで**ドライヤーの熱から髪を守る**ことができます。

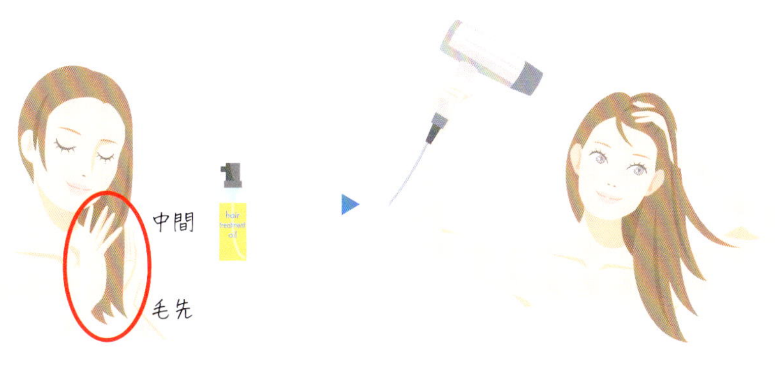

タオルドライ後の湿った状態で最も傷みやすい髪の**中間**から**毛先**を中心になじませます。

ドライヤーの熱から髪を守りながら乾かします。

髪が乾いた状態で、乾燥やパサつきが気になるときやツヤを出したいときにも使えます。

ドライヤーで乾かすよりも 自然乾燥の方が髪によい?

髪はすばやく乾かす必要があるので、自然に乾くのを待つのではなく、**ドライヤーを使って乾かしましょう**。髪がぬれている状態では、髪の表面を覆っている**キューティクルがめくれやすくなり**、**水分や内部のタンパク質が抜け出る**ことで、**パサつきやうねりの原因**になります。また、ぬれたまま放置した髪は**細菌が繁殖しやすくにおいの原因**にも。お風呂からあがったらすぐに髪を乾かしましょう!

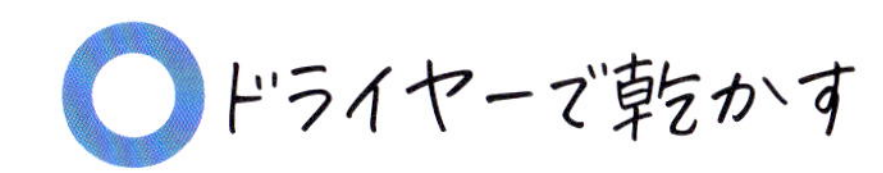

髪は完全に乾くまで温風で乾かし続けたほうがよい？

髪を乾かすときに気をつけたいのが**オーバードライ（過乾燥）**です。ドライヤーを必要以上に**長時間当てたり髪に近づけすぎたりすると、**いつの間にかこの状態に陥り、髪に**パサつき**が生じたり、**ツヤが失われたり**します。
8割程度乾かしたら、**温風**から**冷風**に切り替えて乾かすことで毛髪内部へのダメージを軽減できます。

8割乾いたら
温風から冷風に

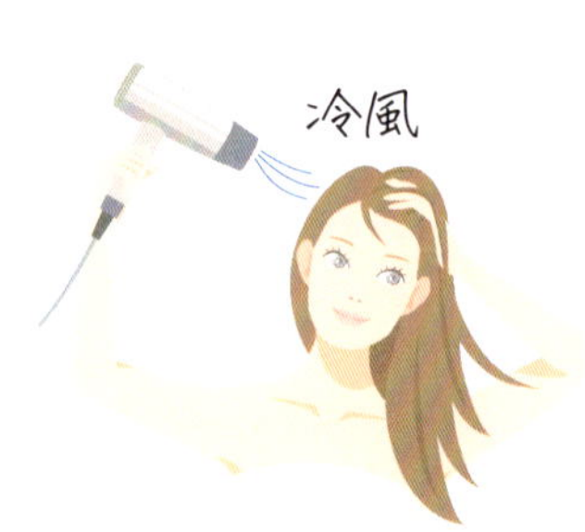

ドライヤーは髪に近づけすぎない

毛髪は、**ぬれている状態で約60℃の熱を加え続ける**と**毛髪内の水分量が減少**し始めるとされています。そのため、美しい髪を保つためには**ドライヤーを20cm以上離して乾かす**のが理想的といえます。また、**乾いた髪は80℃以上の熱を受け続ける**とタンパク質の変性が起こり、**髪がもろく**なっていきますので、ドライヤーでブロー仕上げやスタイリングをするときであっても、**髪から10cm以上離して乾かす**ようにしましょう。

ドライヤーからの距離と髪の表面温度

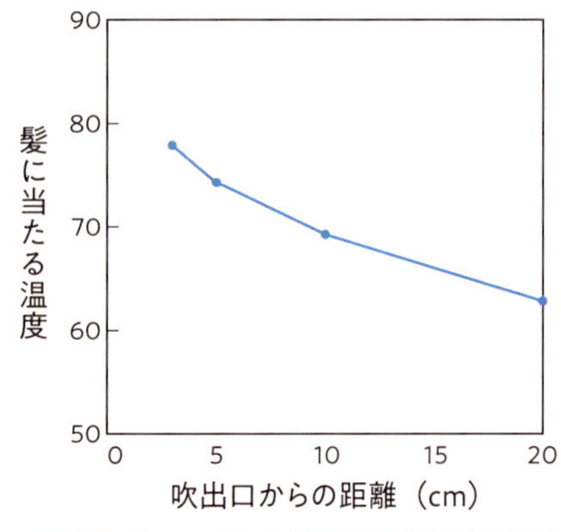

＊ヘアドライヤーのテスト結果（北陸三県共同テスト）改変
※数値はあくまでも一例であり、ドライヤーの機種や構造で温度は異なります

近すぎ

離す

寝ぐせを直すにはくせが気になる部分だけぬらせばよい？

寝ぐせがついた部分だけではなく、**くせがついている髪の根元からぬらす**ことが大切です。髪の表面だけではなく、**内側もしっかりとぬらしてから**ドライヤーで乾かします。**8割**程度乾いたら、ブロードライ（ブラシなどを使って形をつくりながらドライヤーの風を吹きつける）をします。

白髪を抜くと増える？

白髪を抜いても増えることはありません。
ただ、抜き続けると**頭皮や毛根にダメージ**を与えてしまいます。さらに、抜くことが習慣になってしまうと、**生えにくくなる可能性**も高まります。
どうしても白髪が気になるときは髪を切る、もしくはカラーリングをおすすめします。

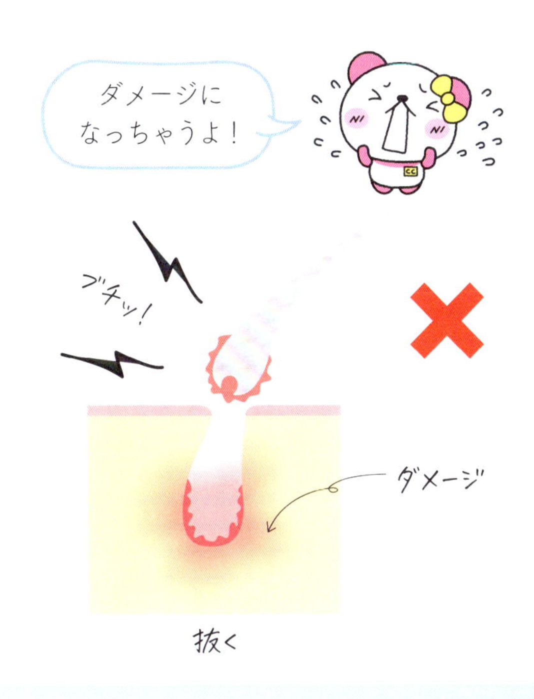

フェイスラインをリフトアップするためには 毎日髪を引っ張り上げて アップにしている方がよい？

耳上の髪を引っ張り上げることで目尻やフェイスラインが**リフトアップ**したように見えます。晴れの日の装いなどでヘアアレンジをする際には効果的ですが、あくまでも**一時的**なものです。

ポニーテールや編み込み、シニョンスタイルなど**髪を強く引っ張ってまとめる髪型を習慣的に行うことで髪が抜ける**ことがあります。（**牽引性脱毛症**（けんいんせいだつもうしょう））強く引っ張る髪型を長期間続けることはできるだけ避けましょう。

妊娠中にカラーリングやパーマをしても大丈夫？

妊娠中のカラーリングやパーマは避けた方がよいでしょう。妊娠中は**ホルモンバランス**の変化などで**頭皮や皮膚が過敏な状態**になっていることが多く、**かぶれ**を起こしやすい時期です。また、妊娠中は治療するための薬が制限されるため、かぶれを生じると治癒するまでに長い時間を要することもあります。

11 間違いがちなネイルケア

ネイルエナメル（カラーポリッシュ・ネイルカラーなど）を塗ると爪が傷む？

ネイルエナメルなどを正しく使用していれば**爪が傷むことはなく**、逆に**保護になります**。ただ、それを落とす**エナメルリムーバー**（除光液）を頻繁に使用すると、**爪に必要な油分や水分の一部が一緒にオフ**されてしまい、**乾燥を引き起こす**可能性が高まります。カラーの塗り替えは適度に行い、オフした後は必ず手を洗って、ネイルオイルやハンドクリームで**しっかり保湿ケアを行いましょう**。

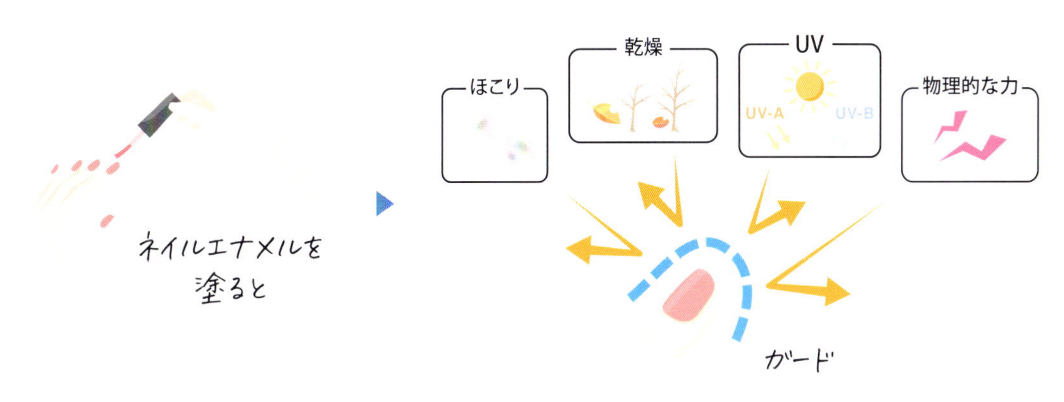

ネイルエナメルを早くオフするには、リムーバーを含ませたコットンでゴシゴシこする？

早く落とそうとエナメルリムーバーを含ませたコットンで**ゴシゴシこすってふき取る**のは、爪の**傷みや乾燥の原因**にもなるので**絶対にNG**。爪だけでなく甘皮や爪のまわりの皮膚にもダメージを与えます。

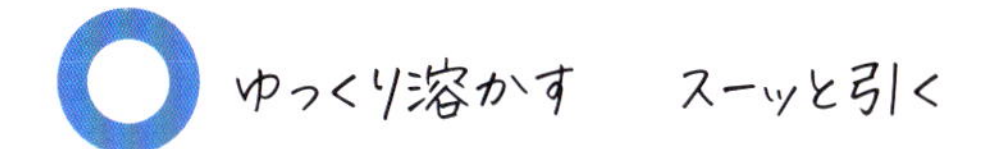

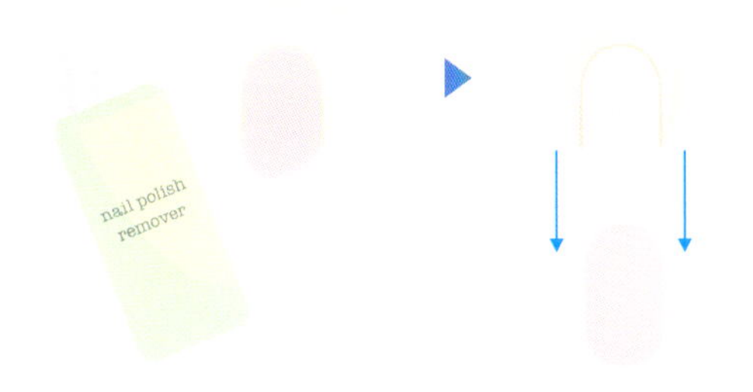

爪を覆うサイズのコットンにエナメルリムーバーを含ませて、**できるだけ爪まわりの皮膚に触れないように**爪の上にのせます。ゆっくりとネイルエナメルなどをとかし、スーッと引くようにふき取りましょう。

手の爪は1カ月に1回程度整えれば十分？

個人差はありますが、**成人の手の爪は1日に約0.1mm、1ヶ月では約3mm**も伸びてしまうため、手の爪は**1週間**に**1回**を目安に整えましょう。**足の爪は、その半分程度のスピード**で伸びるので、整えるのは**2週間**に**1回**を目安にするとよいでしょう。

爪を切る頻度

手
足

1週間に1回
2週間に1回

爪の基本の長さ

爪の先端から指先が見えるほどの深爪にならないよう、**指を真横から見て爪先の中央部と指の先端が同じ高さ**になるよう整えましょう。

爪の長さは**エメリーボード（ネイルファイル・やすり）**で整えるのがよいとされています。爪切りを使用してもかまいませんが、その場合は**エメリーボードよりも爪が割れやすい**ので、**お風呂上がり**などの**爪がやわらかい状態**のときがベスト。

12 間違いがちなデンタルケア

デンタルフロスや歯間ブラシは歯みがきの仕上げにするとよい？

デンタルフロスや歯間ブラシは、歯みがきの**前**に行いましょう。プラーク（歯垢（しこう））をフロスや歯間ブラシで取り除いた**後**に歯ブラシでみがくことで、プラークの残りを減らせるだけでなく、歯みがき剤の**有効成分**（**フッ化物**など）をむし歯や歯周病になりやすい**歯間部にも行き渡らせる**ことができると報告されています*。

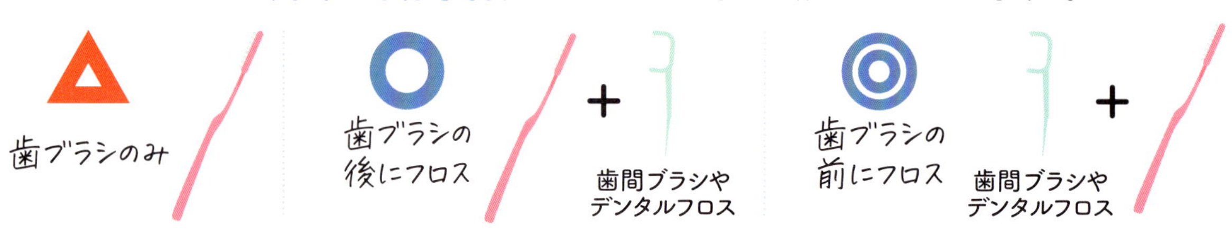

＊米国歯周病学会誌による

歯みがきの後は、歯みがき剤が残らないようできるだけ多くすすいだ方がよい？

歯みがき後のすすぎは、実は**1回がベスト**！ブラッシング後のすすぎが3回の場合と1回の場合とでは、比較すると**1回**の方が口中に残るフッ素濃度が高いことが報告されています*。つまり何回もすすぐと、**フッ化物（フッ素）が流れて少なくなってしまう**のです。

また、多くの歯みがき剤に配合されている**フッ化物**は、歯みがきをした後も30分～2時間程度は歯に付着して口の中に残ります。そのため、しばらく飲食しないことで、少しずつ唾液と混ざり合って**歯の再石灰化を促進**します。

飲食は2時間程度あけて

＊国際歯科連盟（FDI）機関誌の報告による

フッ化物のむし歯予防（再石灰化）効果を高めるためには、配合されている**フッ化物濃度が高い**（1450ppm以上*）歯みがき剤を使いましょう。

＊6才未満は1000ppm以下

例題にチャレンジ！

Q 日焼け止めの使い方として、適切なものを選べ。

1. 日焼けを防ぐには、冬でも日焼け止めを使うなど紫外線対策をするとよい
2. 紫外線が強い日であっても窓ガラスは紫外線を通さないため、室内にいれば日焼け止めを塗らなくてもよい
3. 朝に日焼け止めを塗っておけば、その日は非常に長い時間日光を浴びても日焼けしない

P36、38で復習！

【解答】1

準2級出題範囲

PART 02

お手入れの基本

キレイになるための情報はたくさんありますが、
「基本」を知る機会は意外と少ないもの。
スキンケアからボディケア、ヘアケアなどの
基本のお手入れ方法を学びましょう。

PART 2 全ページが
準2級の出題範囲だよ！

スキンケアの基本

「スキンケア」とは、
メイクや汚れを落とすケアや、
乾燥や外的刺激から肌を守るケアのこと。
間違ったケアを続けると
肌トラブルにつながることも。
健やかで美しい肌へ導くために
正しいスキンケアの知識を学びましょう。

美しい肌の基準

美しい肌はさまざまな条件がそろって実現しますが、以下の頭文字を取って「うなはだけつ」といわれます。

うるおいがある	適度な水分を保っており、透明感がある
なめらか	きめが整っていてざらつきや凸凹がない
はり	引き締まっている
だんりょく(弾力)	肌を指で押したときに、弾むように押し返される
けっしょく(血色)	くすみがなく、血色がよい健康的な肌色
つや	適度な油分があり、肌がつややか

スキンケアの基本の手順

「**スキンケア**」とは、**肌本来がもつ力を引き出し、健やかな状態へと導く**こと。そのためのステップとして、一般的にはメイクや汚れを落とす(洗浄)、水分と保湿剤を与える・外的刺激から守る(整肌&保護)というケアに分かれます。これらの基本のスキンケアのほか、スペシャルケアがあります。

洗浄

・メイクや汚れを落として皮膚を清潔にする

整肌&保護

・水分と保湿剤を与えて整える
・油分や紫外線カット剤などで乾燥や外的刺激から肌を守る

※商品によって、使用量や使用順序は異なります。それぞれの商品で推奨されている使用量や使用順序を守って使いましょう

1 クレンジング・洗顔の基本

スキンケアにおいて「落とす」とは、肌に付着した**汚れ**や塗布した**メイクアップ化粧品などを取り除く**こと。そのままにしておくと肌トラブルの原因になることもあるので、きちんとオフしましょう。

STEP 1 クレンジング

メイクアップをした日はクレンジング料でオフする必要があります。クレンジング料は、普通の洗顔料では落とせない**メイクアップ化粧品**（主に**油分**）を落とすことができます。

〈クレンジングの手順〉 検定POINT

手と顔が**乾いている**状態でクレンジングします。

1 クレンジング料を手に取る

クレンジング料の適量の半分を手のひらに取ります。

使用量の目安

- **クリームタイプ**
  さくらんぼ粒大
- **オイルタイプ**
  500円玉大

※使用量は目安です。各商品の推奨量を守りましょう

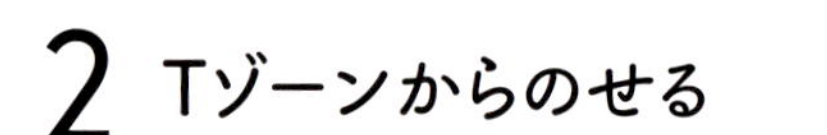

最初に**皮脂が多いTゾーン部分**（額から鼻、あご先にかけて）にクレンジング料をのせ、**指の腹を使い**メイクアップとなじませます。

※こすりすぎないように注意しましょう

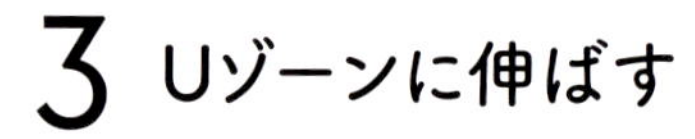

再び、適量の半分を手のひらに取り、両頬と口の下をつなぐ**Uゾーン**にのせ、メイクアップとなじませます。

まずは基本

皮膚の基本の構造と働きを知ろう

角層
最も表面で水分を保持する

表皮
外部の刺激や異物の侵入から身体を守る

真皮
肌のハリや弾力を保つ

皮下組織
外部からの刺激をやわらげるクッションや保温の役割がある

4 細部に伸ばす

ファンデーションが入り込みがちな**小鼻**にもクレンジング料をしっかりと伸ばします。次に、目元や口元などの**皮膚が薄い部分**に、**薬指の腹**を用いて**やさしく丁寧になじませます**。

5 ぬるま湯で洗い流す

体温（36℃前後）より低く、少し冷たく感じる32～34℃のぬるま湯で手早く洗い流します。残りやすい**髪の生えぎわ、フェイスライン**なども洗い残しがないようにしましょう。

6 タオルで水気を取る

水気は**清潔な**タオルで吸い取ります。タオルでこすると肌を痛めてしまうので、**やさしく押さえるように**しましょう。

※ダブル洗顔不要の場合

STEP 2

洗顔

朝の洗顔では、**水洗いでは落としきれない油分**（**寝ている間に分泌された皮脂や前夜のスキンケアの油分**）や余分な**角質**、**ほこり**などを洗い流します。夜の洗顔では、これらに加えて肌に**残ったクレンジング料や汚れ**、**軽いメイク**などを洗いながします。

準2級

スキンケア

《洗顔の手順》

検定POINT

シャンプーやトリートメントなどのすすぎ残しが顔についてしまうことがあるため、**洗顔は髪を洗った後**にしようね！

1 手を洗う

手に油汚れがあると、洗顔料の泡立ちが悪くなります。顔を洗う前は手を洗い、清潔な状態にします。

2 予洗いする

乾いた肌に洗顔料をつけると、**洗浄成分**が**直接肌に付いて刺激になる**場合があります。あらかじめ顔全体をぬるま湯でぬらしましょう。

3 泡立てる

手のひらで空気を含ませるように洗顔料を泡立てます。水を足しながら**レモン1個分**くらいの大きさになるようにできるだけ**細かい泡**を立てましょう。

すすぎ残ししやすい部分

正面から見える部分は比較的すすぎができていても、**髪の生えぎわ～フェイスライン**、**首**、**あご下**などは**泡が残りやすく**、すすぎ残しによる**ニキビや肌荒れが生じやすい**部分。洗い終わった後に、これらの部位だけもう1度洗い流すなど丁寧に洗いましょう。

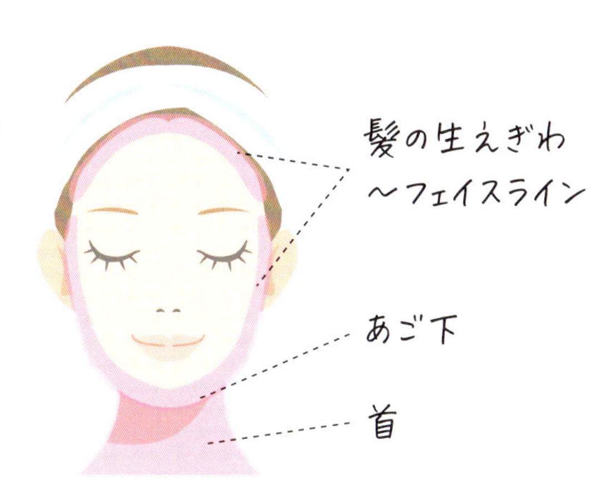

4 Tゾーンを洗う

額、**鼻**や**あご先**は、**皮脂量が多い**ので、まずこの部分から泡をのせます。くるくると泡を転がすように、**指が皮膚に触れないくらいのやさしいタッチ**で洗いましょう。**小鼻**のまわりは、**薬指の腹**を使って丁寧に洗います。

5 Uゾーンを洗う

両頬と口の下のUゾーンに泡をのせ、同じように泡を**転がすように**やさしく洗います。最後に、**皮膚が薄い目元**と**唇**を特にやさしく洗います。

6 すすぐ

すすぎは、**体温（36℃前後）より低く、少し冷たく感じる32～34℃のぬるま湯**で行います。すすいだ後は、やさしくタオルを当て、水気を吸い取ります。

〈 洗顔に適した泡のつくり方 〉

1 洗顔料を適量取る

洗顔フォーム

適量を手のひらに出す。

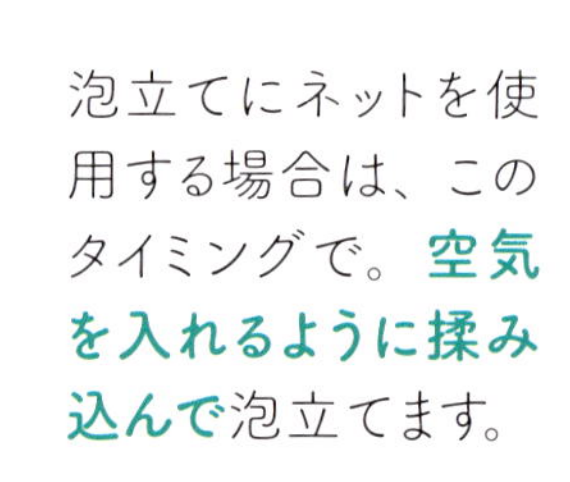

石けん

洗った手に石けんを取り、5〜6回転がします。

2 水を加えて泡立てる

水を少量ずつこまめに加えながら指3本を泡立て器のように使い、**空気を巻き込みながら**泡立てます。

泡立てにネットを使用する場合は、このタイミングで。**空気を入れるように揉み込んで**泡立てます。

3 きめ細かくなるまで泡立てる

片手全体にふんわり乗る程度のきめ細かい泡（**レモン1個分**）ができたら完成です。

泡立てネットに石けんを入れないで！

泡立てネットを使うと、すばやくきめ細かな泡がつくれます。ただし、固形石けんで洗顔するときに**ネットに直接石けんを入れて泡立てることはやめましょう**。ネットで必要以上に石けんが取れてしまうため、肌からの水分蒸発量が増えたというデータがあります。手のひらの上で石けんを転がしてから、ネットで手のひらに残った石けんを泡立ててきめ細かな泡をつくりましょう。

石けんを転がす

○

泡立てネットで泡をつくる

×

石けんを直接入れるのはNG！

落としにくいアイメイクはどうしたらいい？

ウォータープルーフのアイライナーやマスカラなど落としにくいアイメイクアイテムを使用した場合は、ポイントメイクリムーバーを使いましょう。

ポイントメイクリムーバーを使う場合

1 2つ折りにした**コットン**を**まつ毛の下**に置きます。

2 **適量のリムーバー**を含ませたコットンで、上下のまつげを挟むようにしてなじませ、**アイメイクが溶け出したら**まぶたの**上から下へふき取り**ます。落ちたメイクは下側のコットンに吸い取らせるようにします。

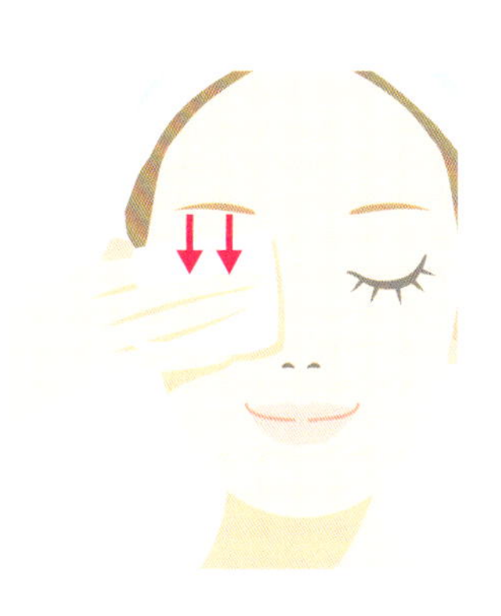

アイラインやマスカラが残ったら

インサイドラインやマスカラがまつ毛の生えぎわやまつ毛の間に残ってしまった場合は、下にコットンを当て、リムーバーを含ませた**綿棒をまつ毛の根元から毛先に向かって回転させるように**ふき取ります。

クレンジングをオイルタイプやバームタイプに変えることでも、ウォータープルーフタイプのメイクが落としやすくなるよ！

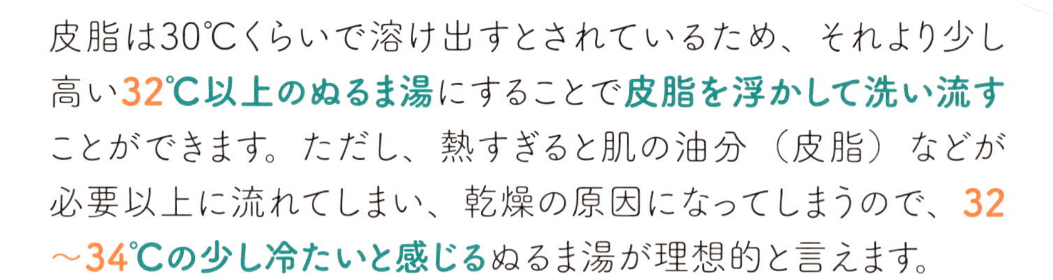

洗顔もとっても大事な
スキンケアだよ！

なぜ32～34℃のぬるま湯で洗顔するの？

皮脂は30℃くらいで溶け出すとされているため、それより少し高い**32℃以上のぬるま湯**にすることで**皮脂を浮かして洗い流す**ことができます。ただし、熱すぎると肌の油分（皮脂）などが必要以上に流れてしまい、乾燥の原因になってしまうので、**32～34℃の少し冷たいと感じる**ぬるま湯が理想的と言えます。

清潔なタオルは必須！

1度使ったタオルは湿っているため、放置すると**細菌が繁殖**して、肌トラブルの原因になる場合があります。基本的には顔を拭くタオルは洗濯したての**未使用**のものを使いましょう。

酵素洗顔って知ってる？

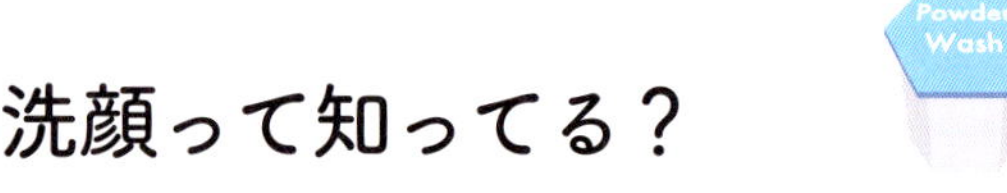

タンパク分解酵素や**脂質分解酵素**が配合された洗顔料です。皮脂や不要な角質を**分解**し、取り除きやすくします。酵素は水に溶けた状態がしばらく続くと**働きが低下する**ため、水分や湿気の少ない所に保管しておき、**使用直前**に水に溶かして使います。

2 化粧水・乳液・クリームの基本

《化粧水、乳液、クリームの役割》

落とすケアの後は、化粧水で**水分**や**保湿剤を与え**、乳液やクリームなどの**油分**で**乾燥**や**外的刺激**から、日焼け止めで**紫外線**から**肌を守ります**。

※UVケア（紫外線カット剤）について詳しくは本書P83〜89参照

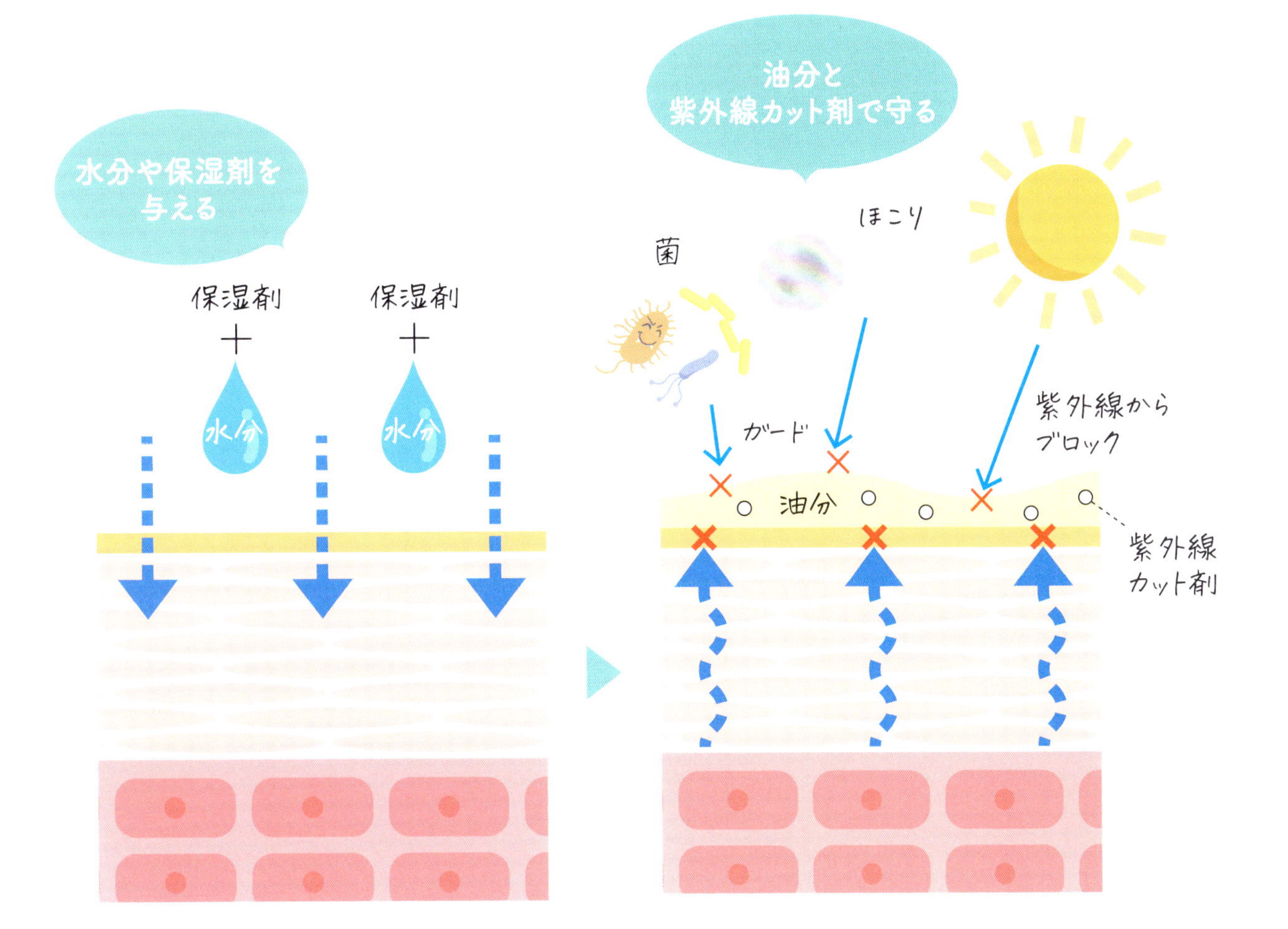

STEP 3 化粧水 検定POINT

洗顔後の肌を放置すると、肌の水分がどんどん蒸発し**乾燥**や**肌荒れ**を招いてしまいます。そこで、**水分**と**保湿剤を与え**、**うるおいのある肌**へと導く役割を担うのが「化粧水」です。

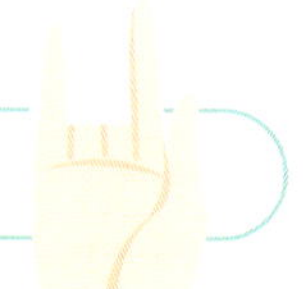

〈手とコットンどちらでつける？〉

手でつける場合とコットンでつける場合とそれぞれのメリット、デメリットを理解して、自分に合った方法を選びましょう。

	手	コットン
メリット	●**肌への刺激が少なく**、手の**ぬくもり**で浸透効果を高めることも可能 ●化粧水の使用量がコットンに比べて**少ない**	●**肌表面を整えながら塗布する**ことができるので、浸透しやすく**均一**に伸ばしやすい
デメリット	●均一につきにくい	●強くこすりすぎると、摩擦によって**肌が刺激を受ける**ことがある ●化粧水の使用量が手に比べて多くなる
注意点	●**清潔な手**でつける ●**目元・口元**は力を入れない	●肌との間に摩擦が起こらないように、たっぷりと**液を浸みこませて**使う ●肌を**こすらない**ようにする

〈化粧水のつけ方：手〉

使用量の目安　**100円玉**大〜**500円玉**大程度
※使用量は目安です。各商品の推奨量を守りましょう

1 手に取る

手のひらに適量の化粧水を取り、両手のひらになじませます。

2 Uゾーンにつける

乾きやすいUゾーンからつけます。顔の**中心から外側**に向かって伸ばした後、手をやさしく押し当ててなじませます。

3 Tゾーンにつける

皮脂が多い額から鼻にかけての**Tゾーン**は、Uゾーンに比べてつける量が少なめでもよいので、手のひらに残っているものをつけます。

4 目元、口元はやさしく

再度、少量の化粧水を手のひらに出し、指先につけて、皮膚が薄く特に**乾燥しがちな目元や口元**に**重ねづけ**します。

5 フェイスライン＆首に

あごからフェイスラインに沿ってなじませます。首は**鎖骨に向かって上**から**下**へなじませます。

6 全体になじませる

最後に**両方の手のひらで肌全体を包み込み**、やさしく押さえるようになじませます。

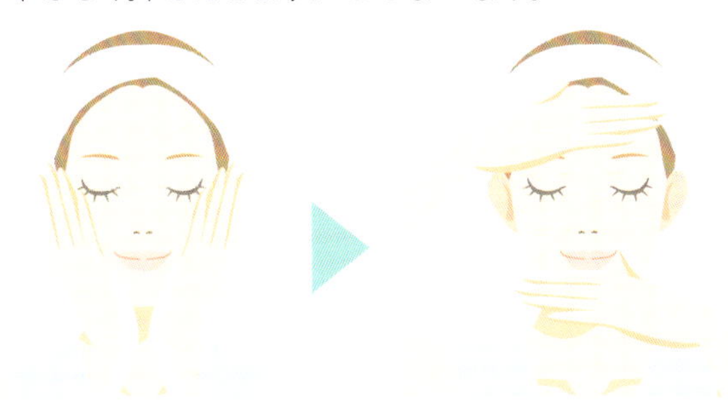

手の動かし方

化粧水をつけるときは肌をパンパンと何度も強くたたいちゃダメだよ！顔の**中心から外側に向かって**、手のひらでやさしくすべらせよう

《化粧水のつけ方：コットン》

化粧水の量が足りないと、コットンで肌をこすることになってしまうのでたっぷりつけてね！

使用量の目安

指を巻きつける部分に、コットンが透けるくらい

1 コットンに取る

化粧水をコットンに含ませます。
中指と薬指にコットンをかけ、人差し指と小指ではさみます。

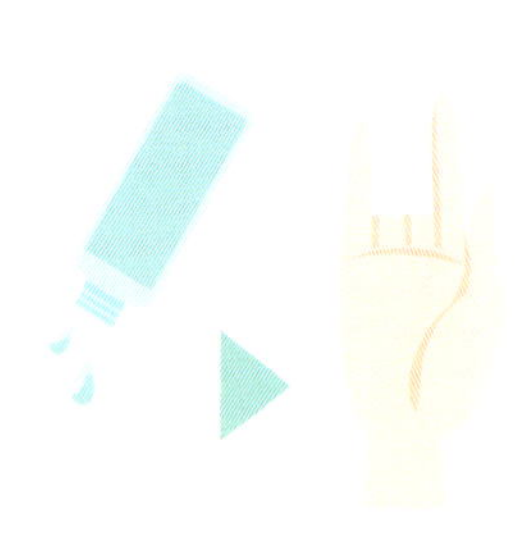

※細かい箇所につける場合は、中指にのみコットンをかけましょう

2 頬からスタート

頬の広い部分からつけ始めます。**顔の中心から外側**に向かい、頬の丸みにコットンをフィットさせながら、丁寧になじませます。

3 Tゾーンにつける

額は、**眉間の上付近から外側に向かって**ゆっくりと。鼻は、鼻のつけ根から小鼻のわきまで**上から下へ**なじませます。

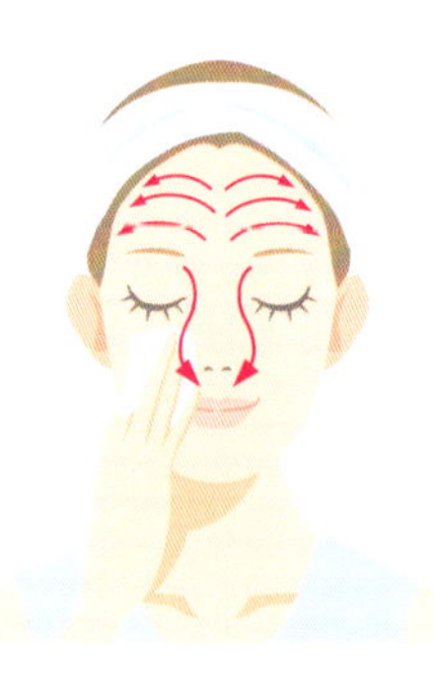

4 目元や口元はやさしく

化粧水を足し、まぶたの上と目の下を、**目頭から目尻に向かって**、口元は、唇のまわりをぐるっと下から**円を描くように**なじませます。デリケートな部分なのでやさしくすべらせるように行いましょう。

5 フェイスライン＆首に

あごからフェイスラインに沿ってなじませます。首は**鎖骨に向かって上から下へ、下から上へとW字を描く**ようになじませます。

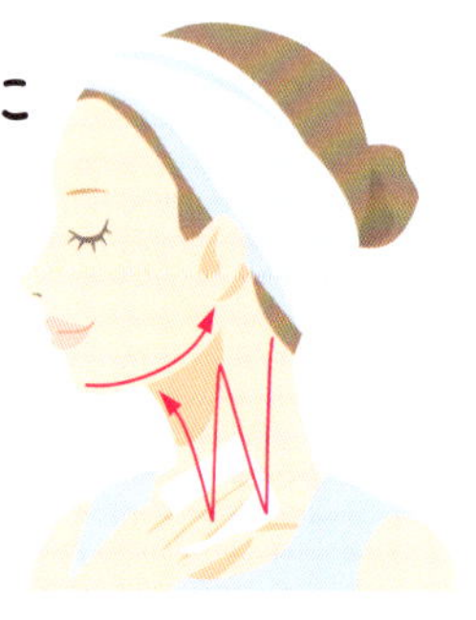

コットンの肌への当て方

OK

手を顔に沿わせる

手を顔に沿わせることでコットンの接する面が広がり、均一になじませやすくなります。

NG

手が顔に密着していない

手が反ると肌に密着せず、部分的に力が加わって刺激になるだけでなく、きちんとなじませられません。

準2級

スキンケア

コットンパックってどうやってするの？

コットンパックとは、**シートマスクのように**コットンに化粧水を含ませたものを肌に貼ること。肌を**密閉**することで浸透性が高まるため、**うるおいを補給**したいときにおすすめです。

1 コットンに化粧水を含ませる

大きめのコットンに化粧水を数カ所に分けてたらし、コットンの隅々まで行き渡らせます。

※節約したい場合は、事前にコットンを水でぬらしておきましょう

裂けるタイプのコットンは、化粧水を含ませた後に1枚分を**2～3枚に裂く**と密着しやすくなるからおすすめだよ

2 肌にコットンを密着させる

それぞれを**空気が入らないように**肌に密着させます（目・鼻腔・口は避けましょう）。

3 肌へのせる時間は5分以内に！

肌にのせている時間が長いとコットンが乾き、与えた水分や保湿剤が奪われてしまいます。**3～5分程度たったらコットンを取りましょう**。

4 手でなじませる

コットンを取ったら、手のひら全体を使ってやさしく肌を押さえ、化粧水をなじませます。

STEP 4

乳液・クリーム

化粧水の後は、肌に与えた**水分**や**保湿剤が蒸発しないように**、**油分でうるおいを閉じ込める**必要があります。

準2級
スキンケア

検定 POINT

〈 乳液・クリームのつけ方 〉

使用量の目安

・乳液

プッシュタイプは**1**プッシュ、
その他のタイプは**10円玉**大

・クリーム

パール粒大

※使用量は目安です。各商品の推奨量を守りましょう

1 乳液は手でなじませ クリームは5点置き

乳液は手のひらに広げてからやさしく伸ばします。クリームは**両頬、額、あご、鼻に5点置き**してからなじませると均一に伸ばせます。皮脂が多い部分は**少な目に調整**しましょう。

2 Uゾーンからつける

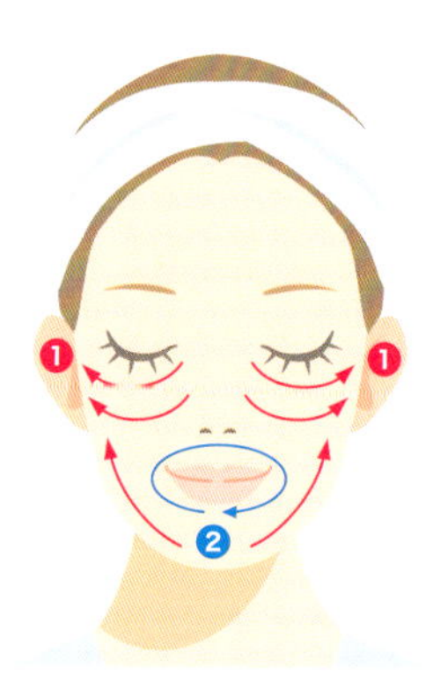

❶頬は矢印の方向に、顔の**中心**から**外側**に向かって伸ばします。
❷口のまわりは下からぐるっと円を描くように伸ばします。

3 Tゾーンにつける

❸Tゾーンに伸ばします。
❹鼻筋は**上**から**下**へなじませます。小鼻のくぼみもきちんと伸ばしましょう。

乳液とクリームの比較

乳液

乳液は肌に**水分と油分をバランスよく与え**、クリームより**液状**の油性成分が多く配合されているので、ベタつかずサラッとした使い心地です。

油性成分
約10～50%

クリーム

クリームは**乳液と比較して油性成分が多い**ため、乳液よりうるおいを**キープする力が高い**特徴があります。

油性成分
約30～50%

4 目元はやさしくつける

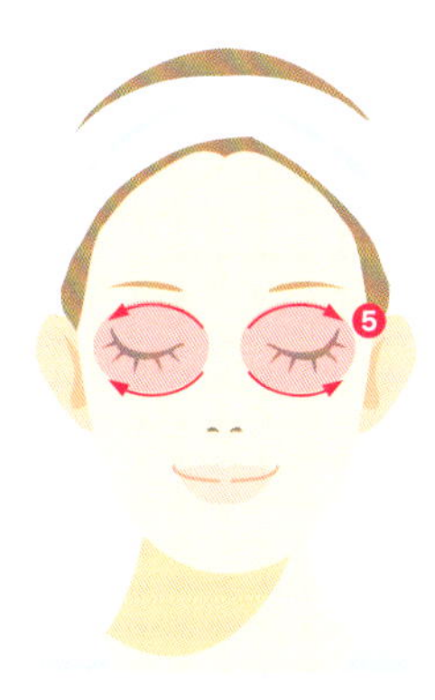

❺目のまわりは**目頭**から**目尻**へと、**薬指の腹**を使ってやさしく伸ばします。乾燥しがちなので**重ねづけしましょう**。

5 全体になじませる

最後に、浸透を促すように**顔全体を手のひらで包み込み**、やさしく押さえてなじませましょう。

6 首元まで塗る

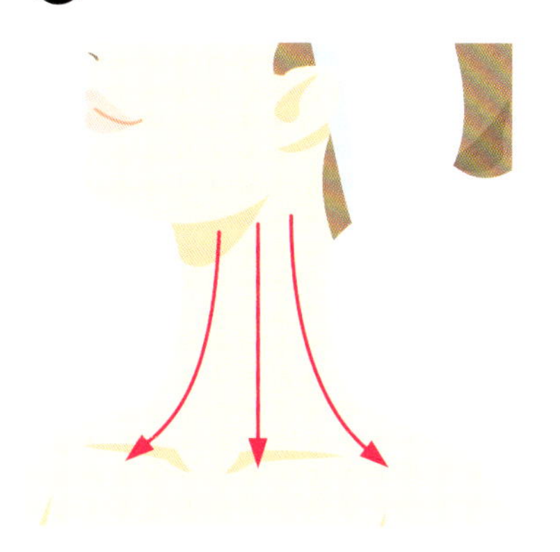

顔を上に向け、シワを伸ばした状態で首の**上**から**下**（**鎖骨下**）へとなじませます。最後に鎖骨のくぼみにあるリンパ節に流し込むようにしましょう。

※リンパ節について詳しくは2級テキストP198～203参照

乳液やクリームの保温効果

化粧水だけでは肌表面から水分が蒸発しやすいですが、乳液やクリームは**皮脂膜**と似た役割を果たし、**うるおいをキープする効果**を発揮します。その結果、肌表面から水分が蒸発しにくくなり、**気化熱**（蒸発する時に周囲から吸収する熱）による**温度低下を防ぐ**ことが期待できます。肌の温度が高いと**代謝が高まる**ため、乳液やクリームは、肌のエイジングケアとしてもおすすめです。

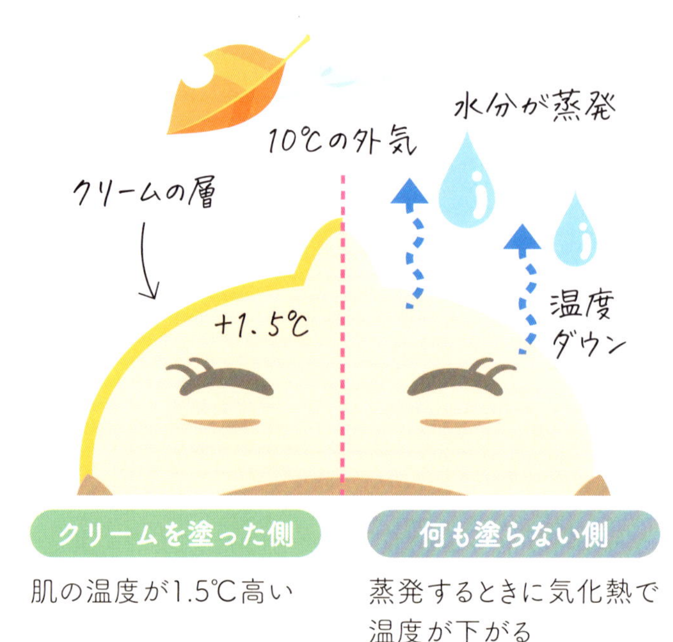

クリームを塗った側
肌の温度が1.5℃高い

何も塗らない側
蒸発するときに気化熱で温度が下がる

唇の保湿ケア

皮むけ部分を早く治すには、**リップクリーム**や**うるおい密閉力が高いワセリン**がおすすめ。ワセリンを唇に塗り、上唇、下唇のそれぞれの大きさにカットしたラップをその上に貼り、**5～10分**程度**パックする**のがおすすめです。

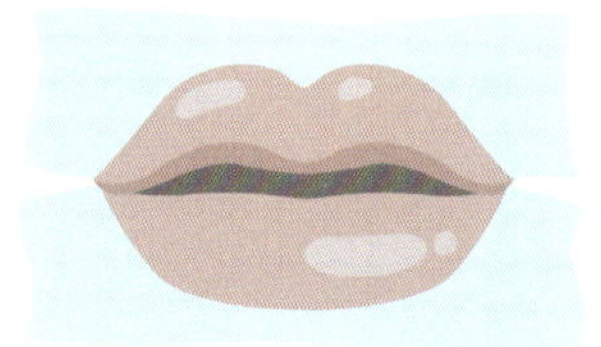

唇が皮むけしているときは、唇の負担になるティントリップや大きいラメが入っているものは避けてね！

3 スペシャルケアの基本

スキンケアの基本ステップにプラスし、さまざまな肌悩みをケアするのが「スペシャルケア」です。

美容オイル　シートマスク　アイクリーム

美容液

美容液は効能効果を期待して使う**付加価値の高い**スキンケアアイテムです。さまざまな種類やタイプがあるので、肌悩みや好みの使い心地に合わせて選びましょう。

〈 複数の美容液を使うときの使用順序 〉

形状をひとつの判断材料に

- 水分の多いもの　→ 油分の多いもの

- さらっとしているもの → とろみのあるもの

※一般的な使用順序の目安です。配合成分や使用目的により異なる場合もありますので、商品の説明書に従って使いましょう

形状から見た順番の目安

シートマスク

シートマスクは、一定時間肌を**密閉することによって水分や保湿剤などの浸透**を高め、うるおいのある肌に導きます。

〈 シートマスクの基本のつけ方 〉

洗顔後の清潔な肌に使います。

1 額からのせる

シートマスクを広げ、**穴と目の位置を合わせて額**からのせます。

2 顔全体に密着させる

密着させるように顔全体に広げます。**空気が入ると効果が損なわれるので**、中心から手をすべらせ空気を抜きます。最後に、マスクの上から手のひらでやさしく押さえます。

3 うるおいを閉じこめる

推奨時間が経ったらマスクを外し、**やさしく手で押さえるように**してなじませます。その後、乳液やクリームでうるおいを閉じ込めます。

美容オイル

油分が中心のアイテムで、**肌に柔軟性を与え**、水分が蒸発することを防いで**うるおいを保つ**働きがあります。

美容オイルを使うタイミング

美容効果を高めるため
化粧水の後に

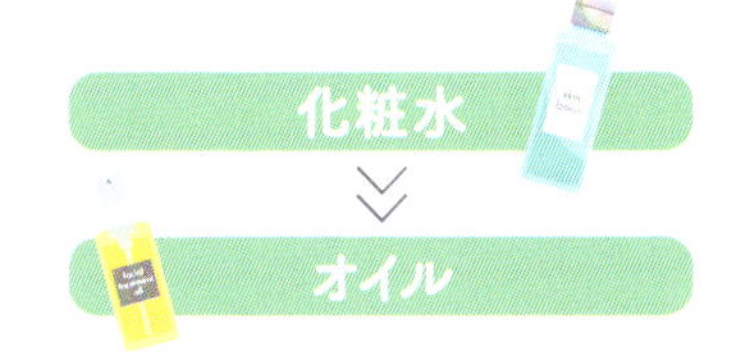

肌をやわらかくするため
スキンケアの最初に
（洗顔後すぐ）

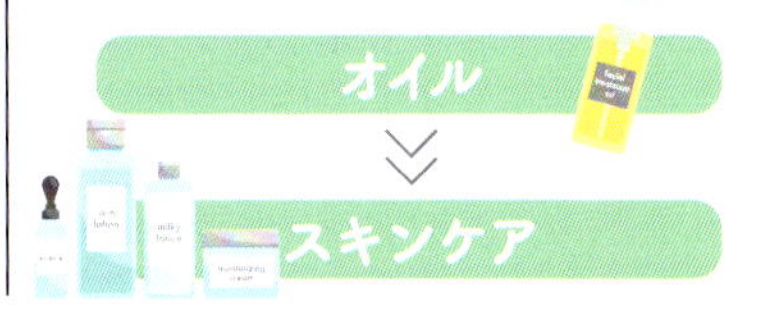

うるおいをキープするため
スキンケアの最後に
（乳液・クリームの後）

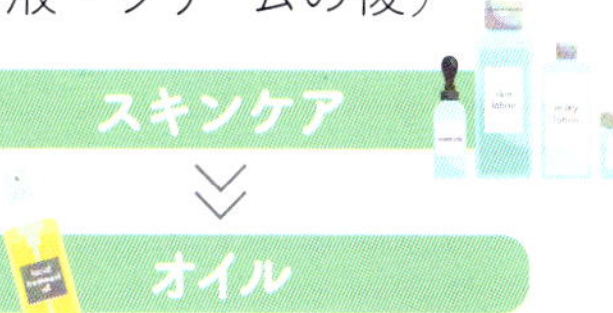

※手順は目安です。商品で推奨されている使用量や使用順序を守って使いましょう

メイクの直前にオイルを使うとよれやすいから、最初か、乳液やクリームの前につけよう！

アイクリーム

検定POINT

目元は皮膚が薄く（頬の約1/3程度）、皮脂も少ないため、**バリア機能も低く乾燥しやすい**状態です。さらに、まばたきや表情の変化など日々の生活で頻繁に動かし続けていることからシワ、たるみなどのダメージが起こりやすい部位です。

アイクリームは目元の悩みに特化した成分が配合されており、**目元を集中的にケア**できます。

〈アイクリームの基本のつけ方〉

1 6点に置く

アイクリームを適量取り、上まぶた**3か所**、下まぶた**3か所**の計**6点**に置きます。

2 目頭から目尻へ

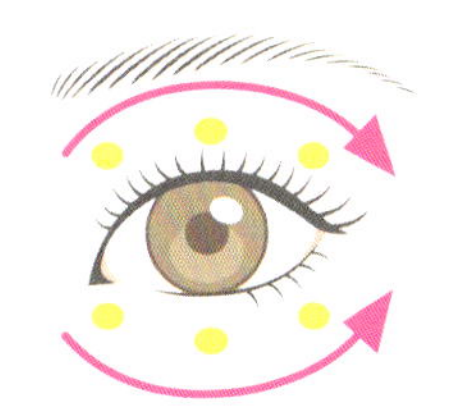

目頭から**目尻**へと、矢印の方向にやさしくなじませます。

3 シワに塗りこむ

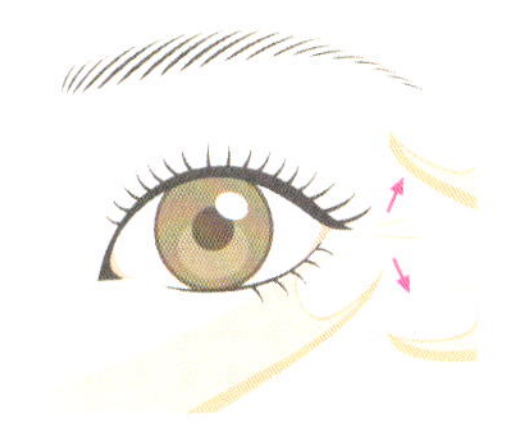

目尻のシワを2本の指で広げながら、しっかりと**シワの溝にクリームを塗りこみます**。

目のまわりの皮膚は**薄い**から、**薬指**の**腹**を使ってやさしくケアしよう

オールインワンジェル（ゲル）

オールインワンジェル（ゲル）は、化粧水・美容液・乳液・クリーム・パックなど**複数の役割を兼ねるもの***。洗顔後に使うだけで**スキンケアが完了**するので、時短コスメとして人気があります。

＊UVケアや化粧下地の役割を含むものもあります

準2級

スキンケア

《オールインワンジェル（ゲル）の基本のつけ方》

使用量の目安

朝
パール粒大2個

夜
さくらんぼ粒大

※使用量は目安です。各商品の推奨量を守りましょう

クリームと同じように**両頬、額、あご、鼻に5点置き**してから、**Uゾーン→Tゾーン**の順になじませて、顔全体に伸ばします。

メイク前に塗るときのポイント

オールインワンジェル（ゲル）は、塗った後にすぐにこすると**ポロポロとカスのようなものが出ることがあります**。この場合、**塗った後3～5分程度おいてからメイク**をしましょう。

ベースメイクを行うときは、**こすらずに軽く押さえるように**トントンとつけるとカスが出にくくなります。

ナイトパックとして使用

通常の使用量の**2倍**の量（**さくらんぼ粒**大**2個**）のオールインワンジェル（ゲル）を手に取り、顔全体に広げます。厚めに塗ることで、ラップのように密閉され、寝ている間もうるおいが持続します。ベタつきが気になるときは、**3～5分置いた後**、ティッシュペーパーで軽く押さえるようにオフします。

UVケアの基本

美しく健やかな肌の大敵が、
「紫外線（UV）」。
適切な対策を行うことで
肌を守ることができます。
そのために、必要なUVケアを学びましょう。

4 UVケアの基本

紫外線は、乾燥、くすみ、シミ、毛穴の開き、きめの乱れ、シワなどの原因になります。**肌の老化の約80％が紫外線による悪影響（光老化）**であるとの報告*があります。紫外線による肌トラブルから守るために、日焼け止めの使い方について学びましょう。

＊香粧会誌, 41(3) 244-245, 2017参照　※日焼け止めの塗り方について詳しくは本書P86～89参照

紫外線をなぜUVとよぶの？

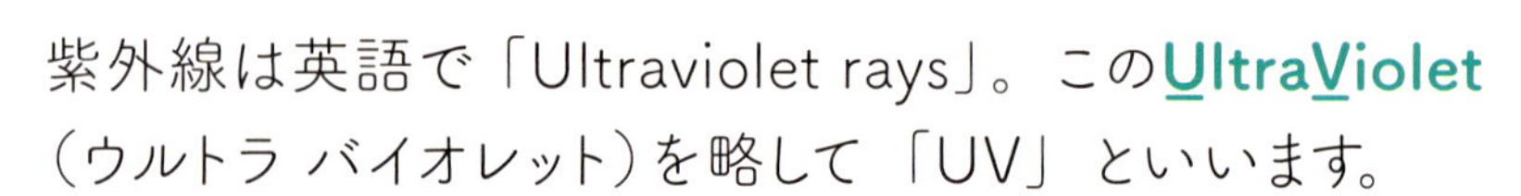
紫外線は英語で「Ultraviolet rays」。この**U**ltra**V**iolet（ウルトラ バイオレット）を略して「UV」といいます。

UVケアはなぜ必要？

紫外線には、細菌やウイルスを死滅させる、**体内でのビタミンD合成**を促すといったメリットがある一方、**免疫低下**や**疲労**、**乾燥**、**シミ**、**シワ**などの肌ダメージといった悪影響があることもわかっています。**オゾン層の破壊**は、紫外線量の増加を招き、白色人種を中心に**皮膚がん**が増えるのではと問題視されています。

紫外線による皮膚と健康への影響

急性	慢性
日焼け	シミ
炎症・水ぶくれ	シワ、たるみ
乾燥	毛穴の開き
免疫低下	老人性イボ
疲労	皮膚がん

ビタミンD不足解消のために日光浴が必要？

ビタミンDはバランスのよい食事を摂り、サプリメントで補うことで摂取できます。ダイエットや偏食によって食事のバランスが悪く、過剰に光を避ける生活を送るとビタミンDが不足する場合があります。

「日光浴」によってビタミンDを合成する場合でも**両手の甲で、紫外線の強さに応じて数分～数十分程度、浴びれば十分**です。

日光浴の目安

ビタミンD不足を解消するために必要な日光浴時間は、目安として両手の甲だけで真冬(12月)の晴れた日の正午では、那覇で8分、つくばで22分、札幌で76分程度です。真夏は紫外線の量が多いので、これより短時間ですみます。
関東以南に住んでいる人であれば、通勤や日常の外出などで手足をさらす程度です。

	7月			12月		
	9時	12時	15時	9時	12時	15時
札幌	7.4分	4.6分	13.3分	497.4分	76.4分	2741.7分
つくば	5.9分	3.5分	10.1分	106.0分	22.4分	271.3分
那覇	8.8分	2.9分	5.3分	78.0分	7.5分	17.0分

※国立環境研究所Webサイト参照

検定POINT 日焼け止め化粧品

UVケア化粧品に表示されているSPF・PAは**定められた量（規定量）を塗ったときの値**です。使用量が少ないと、記載された紫外線防止効果は得られません。しかし、多くの人は**日焼け止めを規定量の半分以下しか塗っていません**。以下の目安量をきちんと塗り、さらに**2～3時間おきを目安に塗り直し**ましょう。

《日焼け止めの基本の塗り方》

顔

使用量の目安

液状
1円玉1個分×2

クリーム状
パール粒1個分×2

1 5点置きする

手のひらに**適量の半分**を取り、**両頬、額、鼻、あご**に置きます。

2 全体に伸ばす

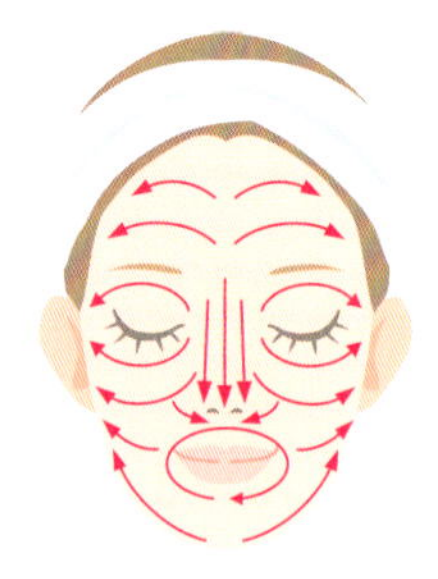

矢印の方向に従って全体にムラなく伸ばします。さらに**残りの量（適量の半分）**を手のひらに取り、同様に**重ね塗り**します。（**2度塗り**が基本）

日焼け止めは1回目を塗り、十分になじんだあとに2回目を塗ってね。肌にしっかりなじませることで白浮きを防げるよ。

3 焼けやすい部分にさらに重ねる

日焼けしやすい**鼻筋、頬からこめかみ**は**さらに重ね塗り**するなど多めに塗りましょう。

焼けやすい部分

頬やこめかみは、太陽光が垂直に近い角度で当たり、単位面積当たりの紫外線量が多くなるため悪影響を受けやすい部位です。また、張り出している**鎖骨～デコルテも焼けやすい**ので注意しましょう。

ボディ　**使用量の目安**　腕や脚の表と裏に直線状に1本ずつ×2

1 直接置く

塗りたい部位に**容器から直接肌の上に直線状**に置きます。

2 なじませる

人差し指から小指の4本を肌に沿わせるように、くるくると**大きくらせんを描きながら**均一に伸ばします。

先端側からつけ根側に向かってなじませるとムラなく塗ることができます。

3 裏側を塗る

表側に伸ばし終わったら、裏側も同じことを繰り返します。

4 2度塗りする

身体全体に1度目を塗り終えて、日焼け止めがなじんだらさらに**同量を同じように重ね塗り**します。（1〜3を繰り返す）

《塗りムラ・塗り忘れが多い場所》

日焼け止めを塗る際、手が届きにくい場所や、正面から見えない場所などが塗り忘れがちです。

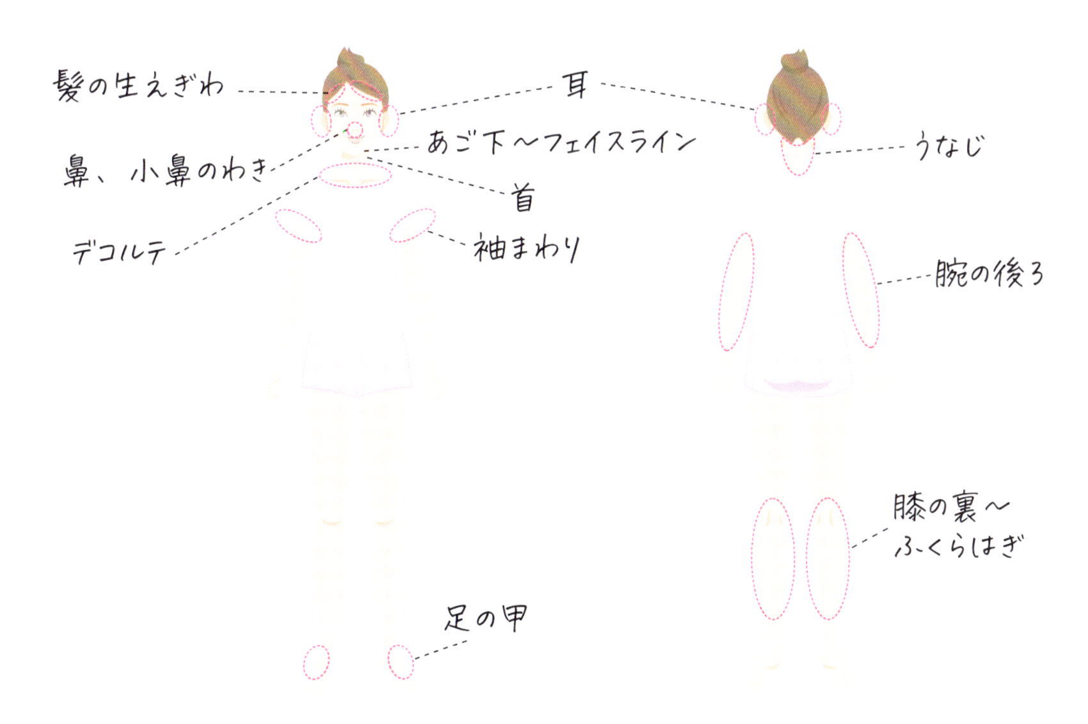

《塗りムラ・塗り忘れが多い場所の塗り方》

準2級

UVケア

首（前後）

1 首に3点置きする

あごをあげ、首に**3点**置きします。

2 らせん塗りで伸ばす

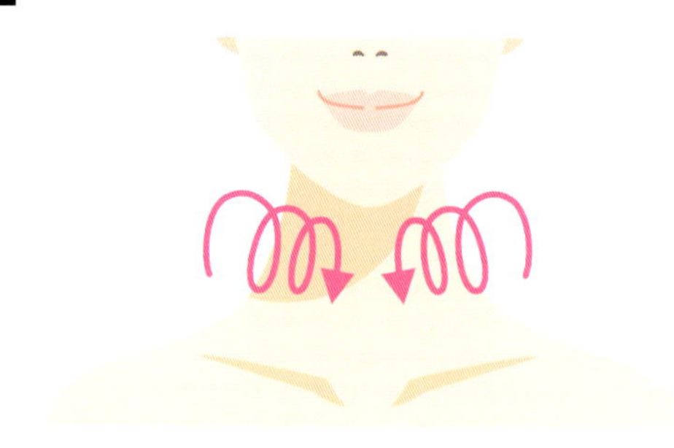

首の**左右**から**中央**に向かって**縦の方向にらせんを描いて**首全体に広げます。

3 直線塗りでなじませる

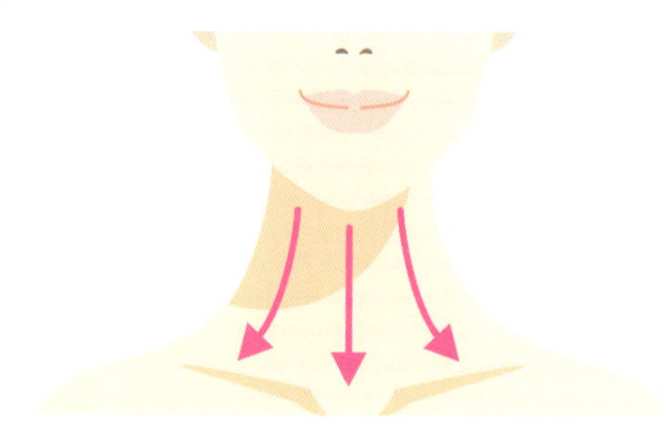

あご下から鎖骨に向かって**上**から**下へ**一方向になじませます。

4 首の後ろを直線塗りでなじませる

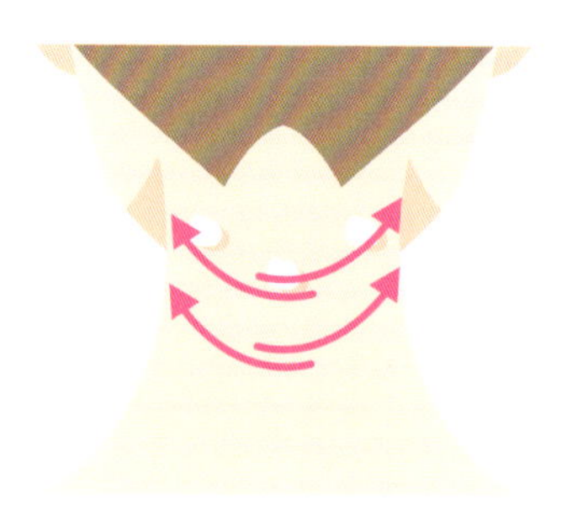

前側と同様に**3点**置きし、中央から左右に一方向になじませます。

耳

1 指2本ではさんでなじませる

日焼け止めを**人差し指と親指**になじませて、耳の上部をはさみます。耳の後ろ側は、**親指**を**上**から**下に**向かって小さく、**らせんを描きながら**なじませます。

2 耳の前側になじませる

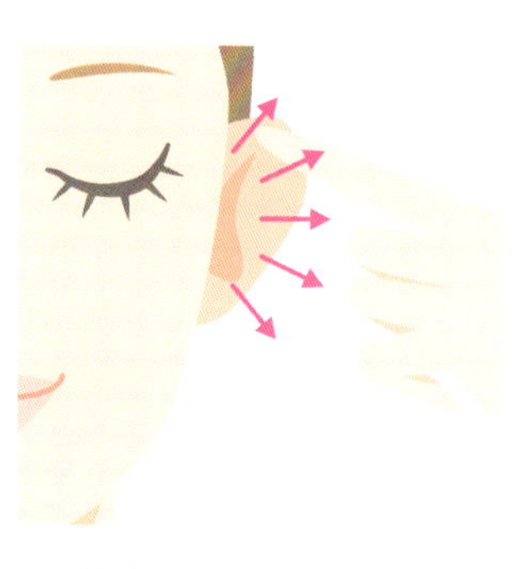

人差し指で**外**に向かって**放射状**になじませます。

〈 日焼け止めの塗り直し方 〉

屋外のレジャーやスポーツでは、**2～3時間を目安に、日焼け止めを塗り直しましょう**。また、汗をかいたときや泳いだ後、汗拭きシートを使った後は日焼け止めが落ちてしまうので、こまめな塗り直しが大切です。

1 ティッシュでオフする

ティッシュで軽く押さえるようにして汗や**余分な皮脂をふき取ります**。

2 日焼け止めを塗る

日焼け止めを指先に取ってなじませます。ファンデーションを使う場合はその上から重ねましょう。

メイクをしているときは、**一度クレンジングシートや乳液などでメイクを落としてから**日焼け止めを塗り直そう！メイクの上からつける場合は**UVカット効果のあるフェイスパウダー**を使うことで、防御力がアップするよ！

〈 日焼け止めの基本の落とし方 〉

日焼け止めは**石けんで落とせるものがほとんどですが、メイク落としや専用のクレンジングが必要なものも！**商品の説明書に従って落としましょう。

	石けんで落とせる	専用クレンジング必要
日焼け止め	ジェル・ミルクなど	ウォータープルーフなど
落とすアイテム	洗顔フォーム・固形石けんなど	専用クレンジング・オイルクレンジングなど

例題にチャレンジ!

乳液やクリームについての記述として、適切なものを選べ。

1. 乳液には、一般的にクリームよりも油分が多く含まれるため、クリームの後に使用するとよい
2. 頬は、鼻や額と比較して皮脂が多いため、油分を含むクリームはつけなくてよい
3. 乾燥しやすい目元には、重ねづけするとよい

P76・77で復習!

【解答】 3

Q 顔にクリーム状の日焼け止めを使用する場合、どのくらいの量を使うとよいとされているか。最も適切なものを選べ。

1. パール粒2個分　　2. パール粒1個分
3. 米粒2個分

P86で復習!

【解答】 1

メイクアップの基本

メイクアップはより美しくありたい、
魅力を増したいという願望を
実現させるためのもの。
なりたい姿を演出できるようになると
自分に自信がもてたり、
気もちを高めたりすることができます。
自分らしさを引き立たせるよう、
まずは基本のテクニックを
マスターしましょう。

※ここでは、自分以外の相手に行うメイクアップ方法ではなく、
ご自身で行うメイクアップの手順を掲載しています

美しさを決めるメイクアップの基本

メイクアップにはさまざまな方法があります。ここではその方法として**黄金バランス**（**ゴールデンプロポーション**）を意識した基本的なメイクアップのテクニックを学びます。

検定POINT

ゴールデンプロポーション

準2級

顔の形は人それぞれですが、人目に美しく見える理想的なバランス、“**ゴールデンプロポーション**”があります。これを覚えておくと、好感度の高い顔バランスに近づくことができます。

①顔の理想形は**卵型**

②生えぎわ～眉頭～鼻先～あご先はそれぞれ顔の縦幅の**1/3**

③目幅は顔の横幅の**1/5**

④口角の位置は瞳の内側を垂直に下ろしたところ

⑤上唇の山は鼻先～あご先の**1/4**

⑥下唇の輪郭は鼻先～あご先の**1/2**

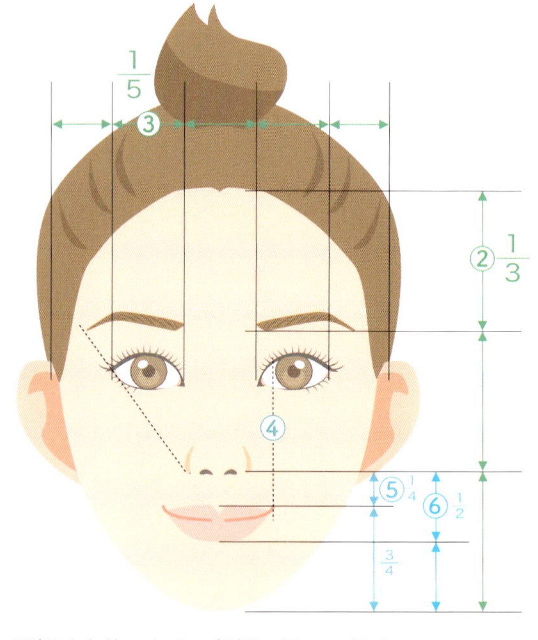

※顔は立体のため、顔幅の両サイドは正面から見るとやや狭くなります

なるほど！

メイクアップ

美しさを決めるメイクアップのポイント

メイクアップには、**陰影をつけて**「**立体感**」を出す、「**色・質感**」の効果により皮膚や爪を変えて見せる、理想の形に近づけるために「**形・大きさ・バランス**」を整えるという**3つのポイント**があります。

色・質感

立体感

形・大きさ・バランス

※上記の手順は目安です。メイクアップの手順はメーカーや商品の特徴によって異なりますので、各商品の推奨手順にしたがってください

5 ベースメイクアップの基本

ベースメイクアップをすることで、**肌色**や**肌の質感（ツヤ・マットなど）**を調整したり、シミやニキビ跡などの**肌トラブルをカバー**したりして、肌をキレイに見せることができます。また、肌をカバーすることで**ほこりや紫外線から守る**こともできます。

※上記の手順は目安です。メイクアップの順序はメーカーや商品の特徴によって異なりますので、各商品の推奨手順にしたがってください

検定POINT

化粧下地・コントロールカラー

化粧下地は、ファンデーションの**つきをよく**し、メイクを長もちさせてくれるもの。**きめを整えて見せたり毛穴などをカバー**したりする機能もあります。

makeup base

color control base

色付きの化粧下地の役割

色付きの化粧下地はコントロールカラーの役割ももっています

※肌色調整について詳しくは２級対策テキストP100参照

オレンジ	グリーン	ブルー～パープル（トーンアップ）
青くまをカバー	赤みをカバー	黄ぐすみをカバー

検定POINT ファンデーション

ファンデーションは、主に肌色の**補正**や**質感の調整**、くすみやシミ、そばかすなどをカバーする役割があり、**紫外線などの外的刺激**から**保護**する働きもあります。

手軽に使えるパウダー（粉状）や、ツヤのある仕上がりになるリキッド（液状）、持ち歩きに便利なクッションタイプなどがあります。

〈 ファンデーションの色選び 〉

ファンデーションの色選びでよくある失敗は、顔の肌色だけで選んで首との色の差がついてしまい、顔が白浮きしてしまうこと。**フェイスライン**（首と頬の境目または顔の輪郭）で肌だけではなく**首とも自然になじむ色**を選びましょう。

メイクくずれしないテクニック

スキンケアの最後に軽くティッシュや何もついていないスポンジなどで**余分な水分や油分を抑えたり、収れん化粧水でパッティングして肌を引き締めたりしてからメイクをする**と、くずれにくくなります。下地は、塗りすぎるとメイクがよれやすくなったり、少なすぎてもファンデーションとの密着性が落ちてくずれやすくなったりするため、**適量を均一**に伸ばしましょう。

〈化粧下地、ファンデーションの基本の塗り方〉

頬などの広い面から塗り始めます。細部は厚く塗らないようにしましょう。

※化粧下地や液状・クリーム状のファンデーションは、先に適量を取り、両頬、額、鼻、あごに置きます

1 広い面

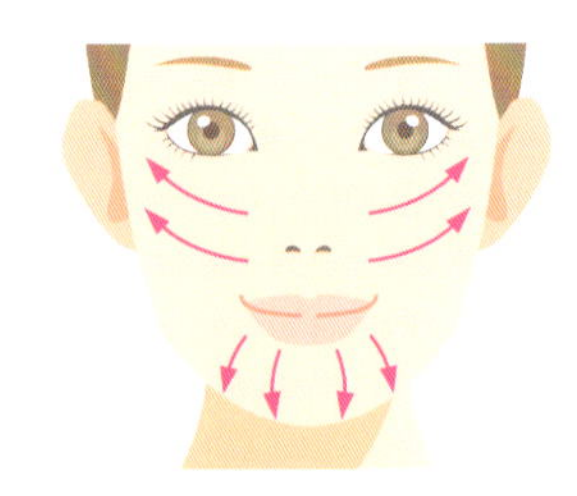

頬〜あご

顔の中心から**外側**に向かって伸ばします。

額

中心から髪の生えぎわに向かって**放射状に**伸ばします。

メイクアップ

2 細部

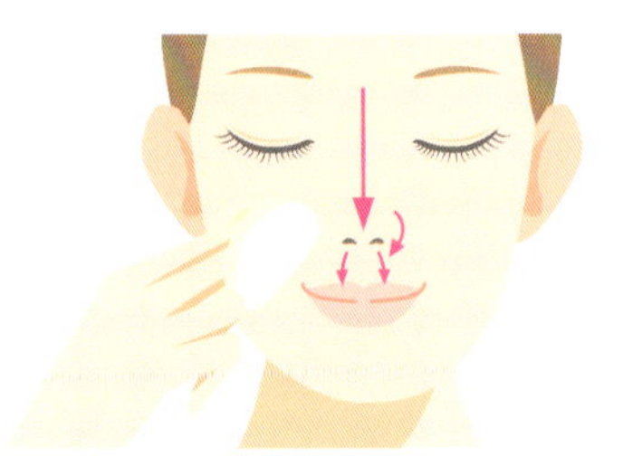

口のまわり、鼻のまわり（鼻筋、側面、小鼻）

唇の上、鼻筋〜鼻の側面は、上から**下**へ伸ばします。**小鼻のわきや鼻の下面**も塗り忘れがないように、指先やスポンジの**先端を使って**伸ばします。

目のまわり

目のまわりは**よく動く部位**で、厚く塗るとくずれやすくなるため、スポンジや手に**残った少量**を、上まぶたを軽く引き上げ目元に伸ばします。

3 仕上げ

最後にフェイスライン、生えぎわ、首などに化粧下地やファンデーションを足さずに薄く伸ばして仕上げます。

コンシーラー

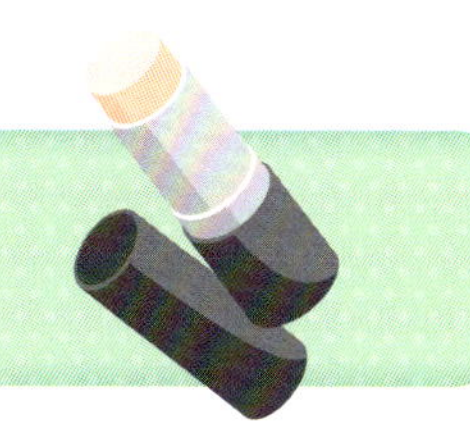

ファンデーションでカバーしきれないシミやくま、ニキビ跡などの肌悩みを部分的にカバーする目的で使用します。

《コンシーラーの選び方とつけ方の基本》

スティックタイプやコンパクトタイプのかためのコンシーラーは、カバーしたい所にピンポイントで塗ります。筆ペンタイプやチップがついたボトルタイプなどのやわらかめのコンシーラーは、気になる箇所に直接塗り広げます。どのタイプも塗った箇所とファンデーションとの境目をブラシ、指、スポンジを使ってなじませます。目のきわや口元などのよく動く場所は薄く伸ばします。

種類（形状）	かためで 固形状	やわらかめで リキッド（液状）
タイプ	スティックタイプ コンパクトタイプ 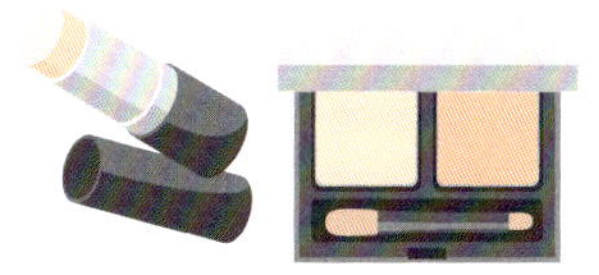	筆ペンタイプ ボトルタイプ
特徴	**カバー力が高い** ピンポイントのお悩みの カバーに適している	**自然なカバー力** 広い範囲の カバーに適している
基本的なつけ方	シミやニキビなどしっかりカバーしたい部分にピンポイントでのせ、ひとまわり大きく薬指やブラシでまわりをトントンとたたくようになじませます 	目元のくまや頬の赤みなど広範囲に気になる部分を中心に、数カ所に塗り伸ばし、薬指でトントンとなじませます 

検定POINT フェイスパウダー

フェイスパウダーは、リキッドやクリームファンデーションのテカリやベタつきを抑えて、**透明感のある肌**を演出したり、**余分な皮脂を吸着**して化粧もちをよくしたりするアイテムです。種類によって質感が異なり、**マット**や**ツヤ感**などを演出することができます。

〈 フェイスパウダーの基本のつけ方 〉

パフを使ったつけ方

1 パフになじませる

パフにパウダーをなじませてよく揉み込み、手の甲で余分な粉を払います。

2 広い面からつける

頬・額・あごの順に押さえるようにのせていきます。

3 細部につける

鼻の側面・小鼻・鼻先・鼻筋・鼻の下・目元・口のまわりなどは**パフを折り曲げて**のせ、細部は**先端を使って**やさしく押さえましょう。

ブラシを使ったつけ方

1 ブラシに含ませてのせる

大きめのフェイスブラシの**側面**にパウダーをたっぷり含ませます。ティッシュまたは手の甲で余分な粉を払います。

2 顔全体につける

ブラシの毛を寝かせるように**側面**を肌に当てたら、やさしくなでるようにパウダーをつけます。目のまわりや小鼻は、少し小さめのブラシで同じようにつけます。

3 余分なパウダーを払う

最後に何もついていないフェイスブラシを縦にしてくるくると円を描くように動かすことで、顔についた余分なパウダーを払います。これにより、**透明感・ツヤのある仕上がり**になります。

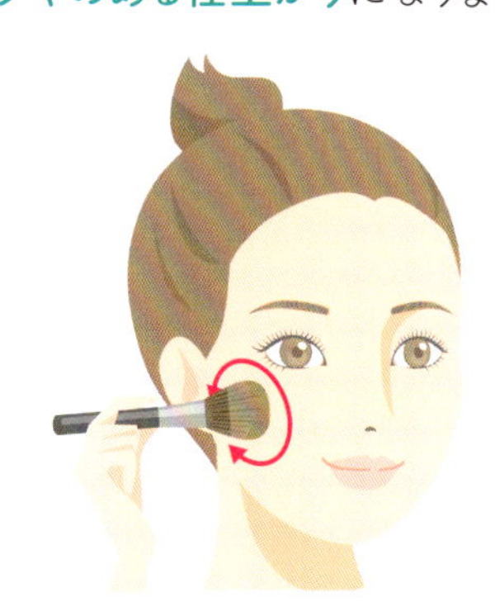

準2級

メイクアップ

検定 POINT

フェイスカラー（チークカラー、ハイライト、シェーディング（シャドー））

チークカラー

チークカラーは**頬の血色をよく**して、顔色を生き生きと健康的に見せるアイテムです。

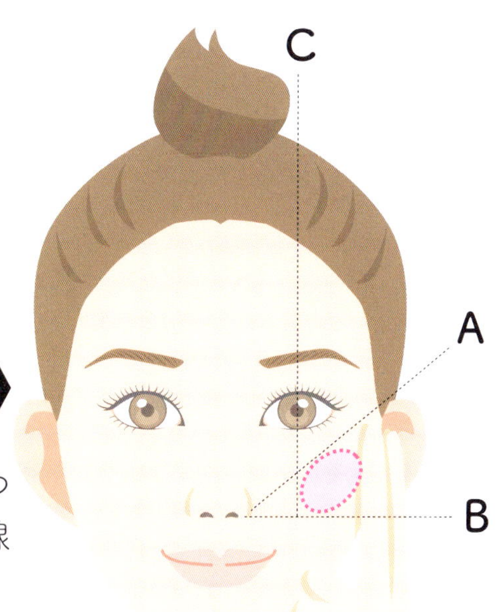

《チークカラーの位置の基本》

小鼻と**耳の上**をつなぐ線（A）と、**小鼻**と**耳の下**をつなぐ線（B）、そして**黒目の中心**から垂直に下ろした線（C）をつなぎます。
図のように**顔の側面から指２本分をあけた**線で囲まれた範囲がチークカラーを入れる基本の位置です。

《チークカラーの基本の入れ方》

1 チークカラーをブラシに含ませる

ブラシを左右に動かし、**ブラシの中まで**チークカラーをたっぷりと含ませます。

2 量を調整する

頬にのせる前に、ティッシュの上または手の甲でブラシの**表面を軽く払います**。このひと手間で量が調節でき、最初にのせた場所にチークカラーがつきすぎるのを防げます。

3 頬にチークカラーを置く

最初にブラシを置く目安は、にっこりと笑うと**頬の筋肉が盛り上がる頬骨のいちばん高い所**です。

4 チークカラーをぼかす

ブラシに残ったチークカラーを黒目の下あたりから**頬骨**に沿ってやや**斜め上方向**にぼかします。広くなりすぎないように、基本の位置からはみ出さないよう注意しましょう。

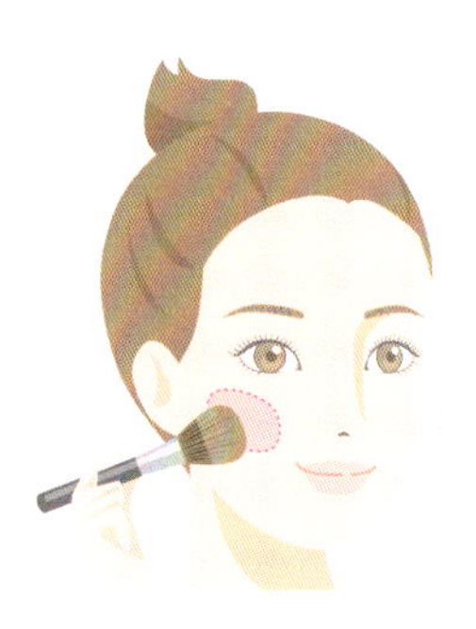

ハイライト　シェーディング（シャドー）

ハイライトは肌の色より**明るい**色（ホワイトなどの**膨張色**）を使って**光**を集め、**立体感**や**明るさ**を演出します。シェーディングは肌の色より**暗い**色（ブラウンなどの**収縮色**）を使って**影**をつくり、**シャープな輪郭**、**奥行き感**を演出します。

準2級

《 ハイライトを入れる位置の基本 》

高く明るく見せたい部分に入れます。

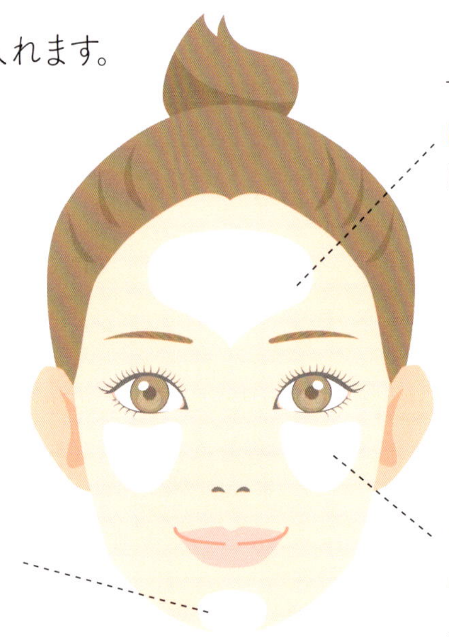

Tゾーンは**額から鼻の付け根**（鼻筋のくぼみ）にかけてつけ、高く見せます。

口の下から**あご先**につけ、あごや唇を立体的に見せます。

目の下の逆三角形ゾーンにつけ、目元周辺を明るく見せます。

メイクアップ

《 シェーディングを入れる位置の基本 》

彫りを深く、**すっきりと**見せたい部分に入れます。

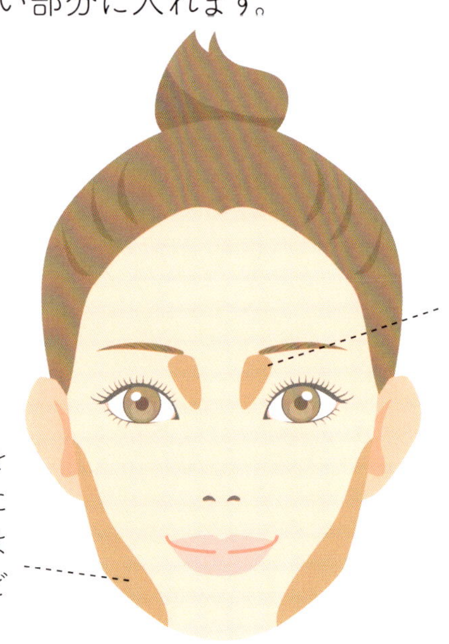

眉頭の下から**鼻の横**に入れ、鼻筋をすっきり見せます。

フェイスラインに入れ、顔幅を狭く、かつ奥行きがあるように見せます。不自然にならないように最後にフェイスパウダーなどでぼかしましょう。

6 ポイントメイクアップの基本

ポイントメイクアップとは、目元や口元などのパーツに**部分的**に行うメイクアップのこと。**色や輝き**を与えたり、**形を整えたり**することで美しさを増し、魅力を引き立たせます。

※上記の手順は目安です。メイクアップの手順はメーカーや商品の特徴によって異なりますので、各商品の推奨手順にしたがってください

検定POINT アイブロウ

眉は人の印象を大きく変える大切なパーツ。眉の形はメイクアップによって変えることができます。

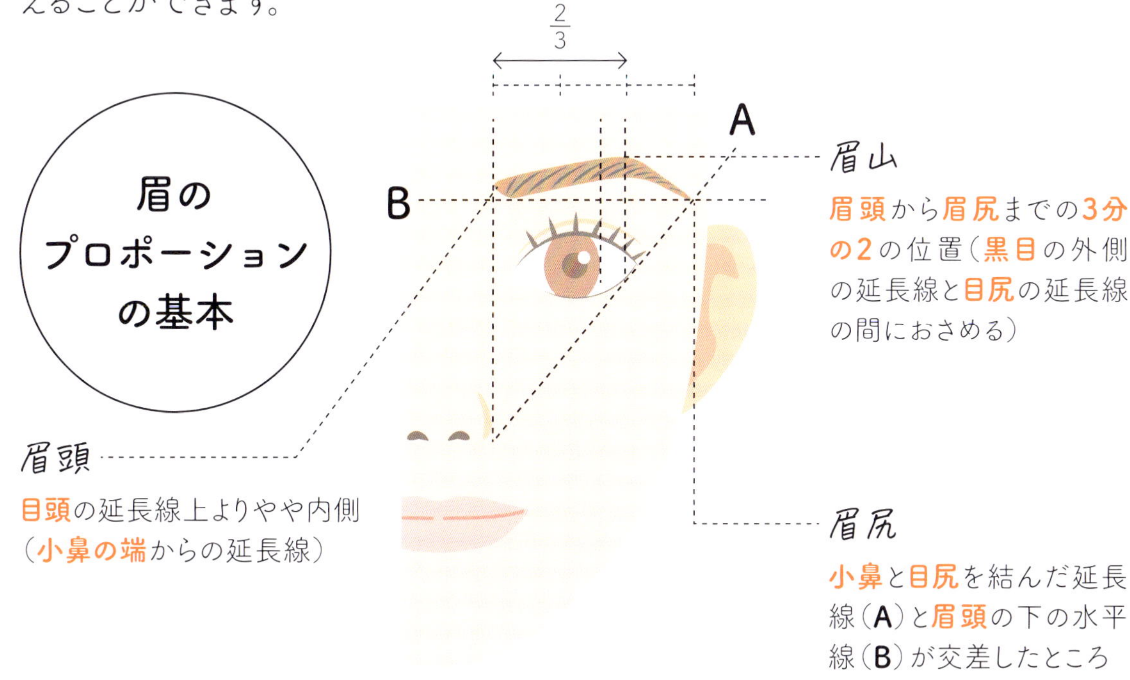

〈眉の基本の描き方〉

眉の描き方は流行に左右されますが、ここでは眉のプロポーションの基本に沿った描き方を学びましょう。

1 眉をとかす

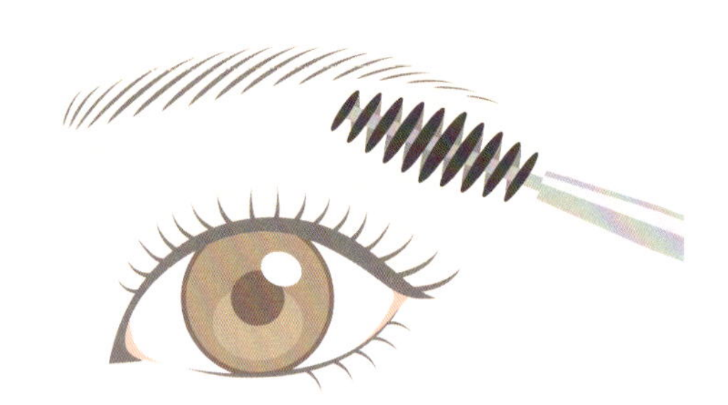

眉ブラシで、**毛流れ**を整えます。

2 眉山と眉尻の位置を決める

眉山と**眉尻**の位置の目安を決めます（眉を描くのに慣れていない場合はアイブロウペンシルで薄く印をつけておくのもよいでしょう）。

3 眉山から眉尻を描く

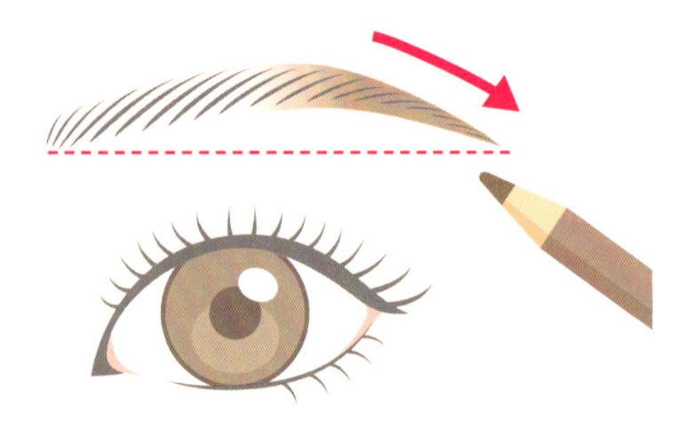

アイブロウペンシルを眉と**平行**になるようにもち、毛流れに沿って**1本1本毛を足すように**描きます。**眉山**部分から**眉尻に向かって**少しずつペンシルを動かします。

4 眉山から眉頭を描く

眉の**中間**（眉山あたり）から眉頭に向かって同様に**1本ずつ毛を足す**ように描きます。**眉頭**が濃くなりすぎるのを防ぐため、いきなり眉頭から描かないようにしましょう。

5 なじませる

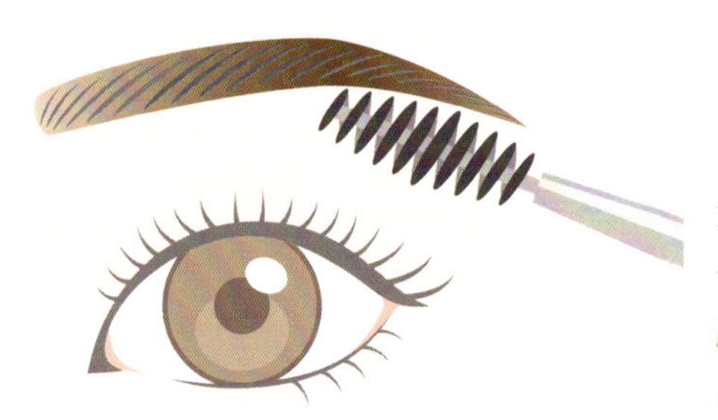

最後に眉ブラシで毛流れを整えながらなじませます。**眉頭**は**薄く**、**中央**部分は**少し濃く**、**眉尻**に向かって**やや薄く**すると自然で陰影のある眉に仕上がります。

準2級

メイクアップ

自然に仕上げるためのアイブロウパウダー

アイブロウパウダーをブラシに取り、**眉山**から**眉尻**に向かって、次に**眉山**から**眉頭**に向かってパウダーをのせます。**眉頭**は**濃くなりすぎない**ように**最後**にぼかしましょう。

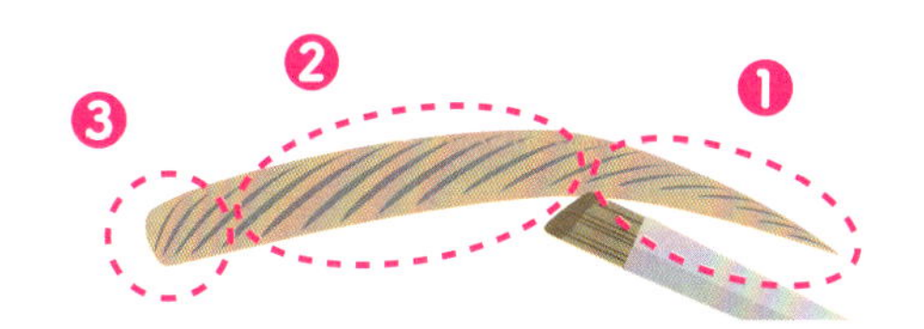

眉、どうやって自分で整えたらいい？

《眉のセルフカットの基本》

1 とかす

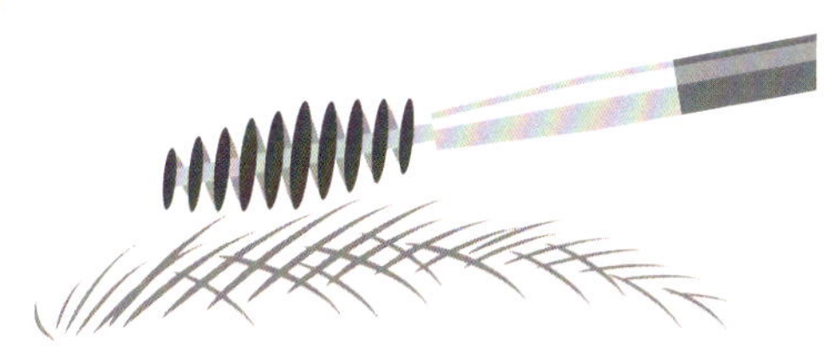

眉ブラシを使い、**毛流れ**を整えます。

2 ガイドラインを描く

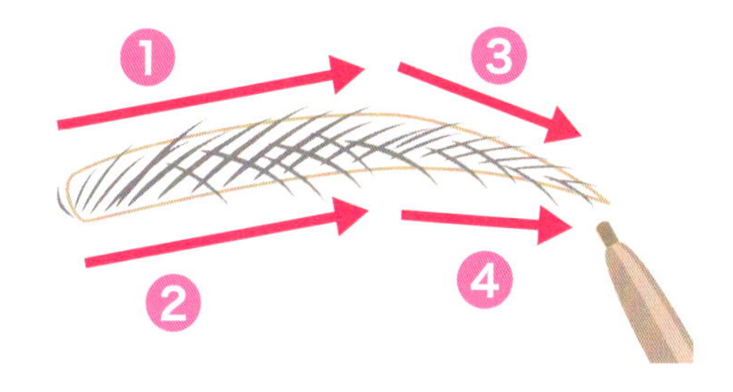

「眉のプロポーションの基本」を参考に、アイブロウペンシルで**眉のガイドライン**（輪郭）を描きます。

3 カットする

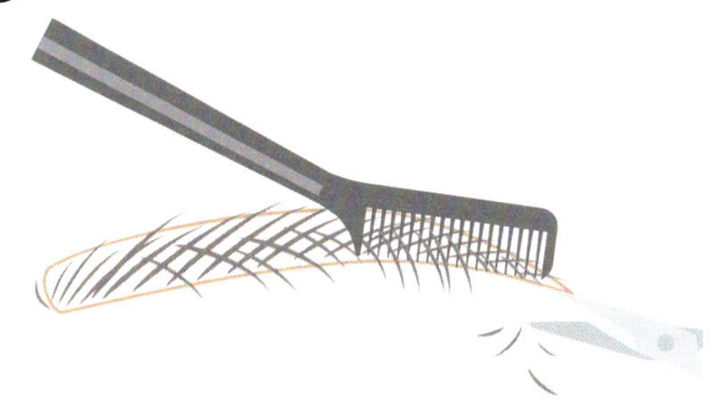

切りすぎを防ぐため、ガイドラインに眉コームを添えて、**はみ出た毛**を**眉バサミ**でカットします。

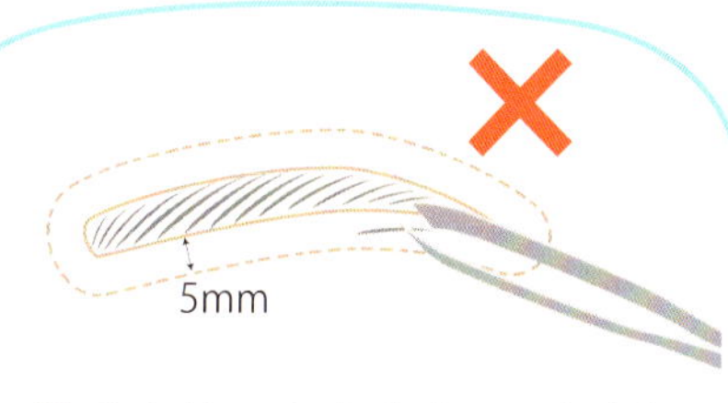

眉毛を抜いたら生えてこなくなる可能性もあるので、ガイドラインから**5㎜以内**に生えている毛は抜かないでね！

アイカラー（アイシャドー）

アイカラーは目元に彩りを添えて陰影をつけ、奥行きのある印象的な目元に仕上げるためのアイテムです。

アイゾーンの名称

アイメイクアップのテクニックを理解するためにも、アイゾーン（目まわり）の名称を知っておきましょう。

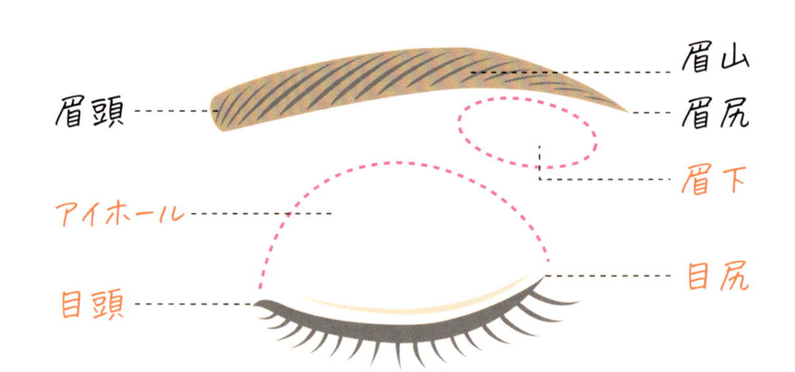

《 基本的な色の役割と塗り方 》

ベースの色

まぶたのトーンを整える色。**明るめで淡い**色を使い、まぶた全体に**ブラシ**などを使って入れます。

バランスをとる色

アイメイクの中心となる色や、目のきわに入れる引き締め色とベースの**色をつなげる中間色**。アイホールの内側半分程度にチップなどでのせ、境目をぼかします。

引き締め色

目の輪郭をきわ立たせる色。グレーやブラウンなどの濃い色が使われます。まつ毛のきわに**チップや細いブラシ**を使ってライン状に入れます。

ハイライトカラーはどう使う？

ラメや**パール**が配合されていることも多いから、**高く見せたいまぶたの中心**や**眉下**に入れると立体感が出るよ。**下まぶた**のすぐ下に入れて涙袋を演出するのもおすすめだよ！

アイライナー

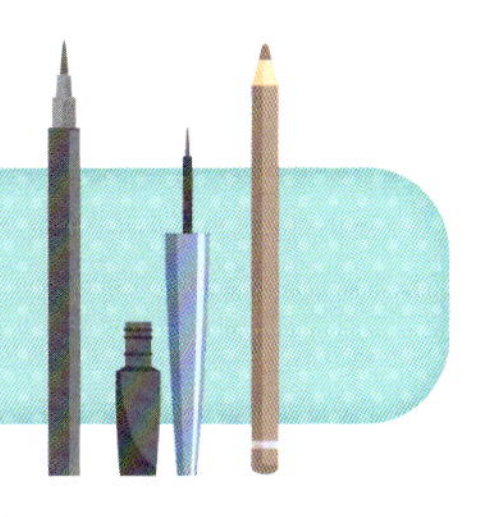

アイライナーは、**目の輪郭を強調し**、目を大きく見せたいときに使うアイテムです。目の形をはっきりと印象づけます。

《アイラインの基本の描き方》

アイライナーにはさまざまなタイプがありますが、ここではペンシルとリキッドを使った基本の描き方を学びます。

ナチュラルライン→ペンシルアイライナー

ナチュラルにラインを描くには**ペンシル**を。自然にぼかすことが可能で、メイク感をあまり出したくないときにも適しています。

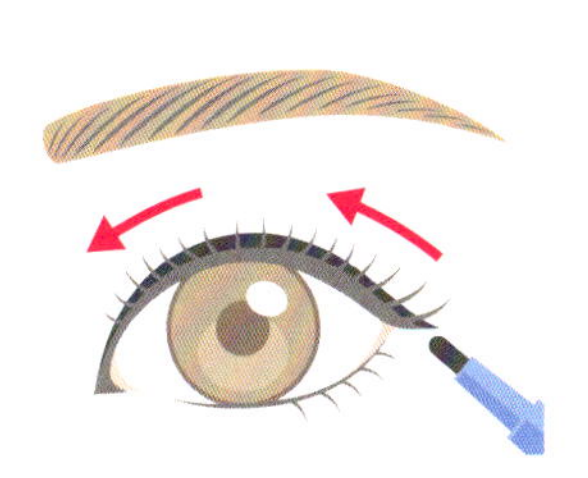

1 まつ毛のきわを描く

まつ毛の**生えぎわ**をペンシルで埋めるように、**小刻みに動かしながら目尻**から**目頭**に向かって描きます。

2 ぼかす

全体を描いたら、**細いチップ**もしくは**綿棒**で**ラインをぼかします**。はみ出した部分も丁寧に修正しましょう。

くっきりライン→リキッドアイライナー

目力をアップする**くっきりとしたライン**を描くには、つややかでラインを強調する**リキッド**や**ジェル**がおすすめです。

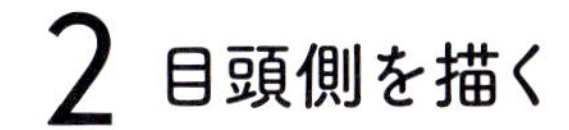

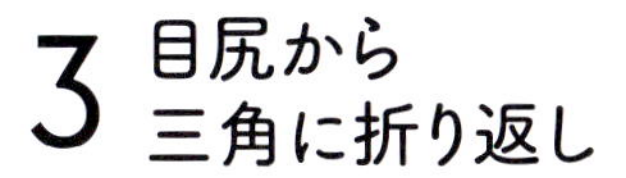

1 まつ毛のきわの目尻側を描く

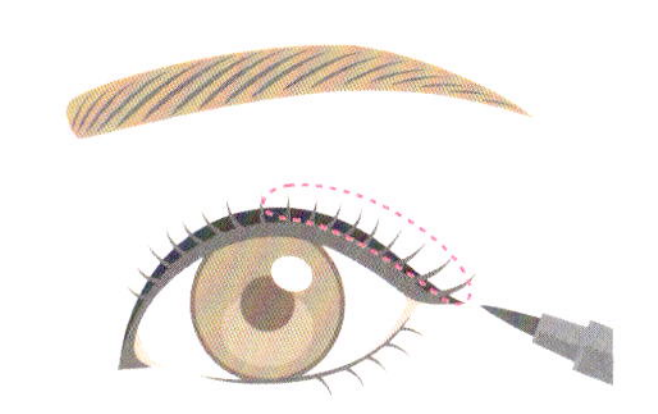

まぶたの**中央**～**目尻**にかけて、まつ毛とまつ毛の間を埋めるようにラインを入れます。目尻は5mmほど長めに**自然に細くなるように**描きます。

2 目頭側を描く

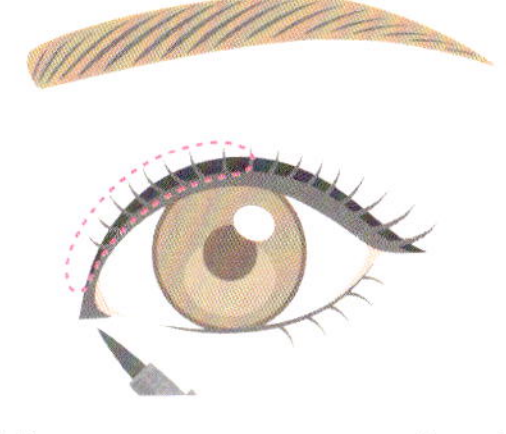

1で描いたラインとつながるように、まぶたの**中央**～**目頭**のまつ毛とまつ毛の間を埋めるように描きます。

3 目尻から三角に折り返し

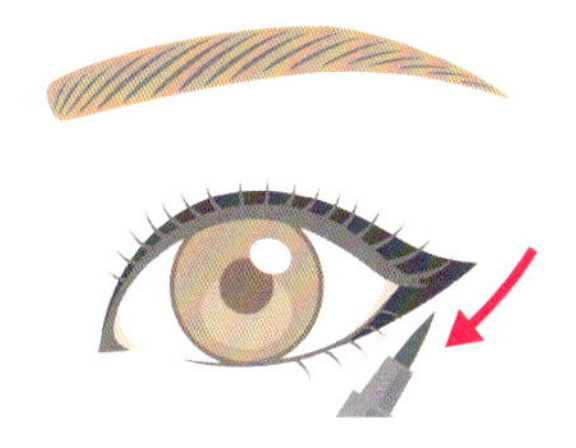

長めに引いたラインの終点から目尻の最先端へくの字に筆先を折り返すように細い線でつなげ、**三角部を塗りつぶします**。

※リキッドアイライナーはさまざまな描き方があります。描き慣れていない場合は、目頭から目尻へと少しずつ描いていくのがおすすめです。また、目尻より外側に跳ね上げたラインを描く場合などは、目尻側から描くときれいに仕上がります

マスカラ

マスカラは、**まつ毛にボリュームを出し**、**長く見せ**、**カールを持続**させるためのアイテムです。

〈 アイラッシュカーラーの基本の使い方 〉

1 根元を立ち上げる

まつ毛の**根元**にアイラッシュカーラーを当て、しっかりはさみ**根元**を立ち上げます。

※力を加えすぎるとまつ毛が直角に曲がるので注意しましょう

2 毛先までカール

アイラッシュカーラーを**3段階に分けて徐々に毛先方向に移動**させます。カールが足りない場合は、もう一度同じ手順でカールアップさせます。

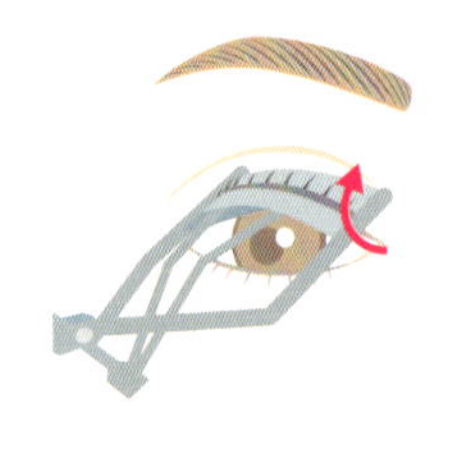

※肘を上げながら毛先まで動かすのがポイント

〈 マスカラの基本のつけ方 〉

1 余分な液をしごく

マスカラの余分な液を、ボトルの口でしごきます。

一度にたくさんブラシにマスカラをつけるとダマの原因になるよ！

2 まつ毛の上側につける

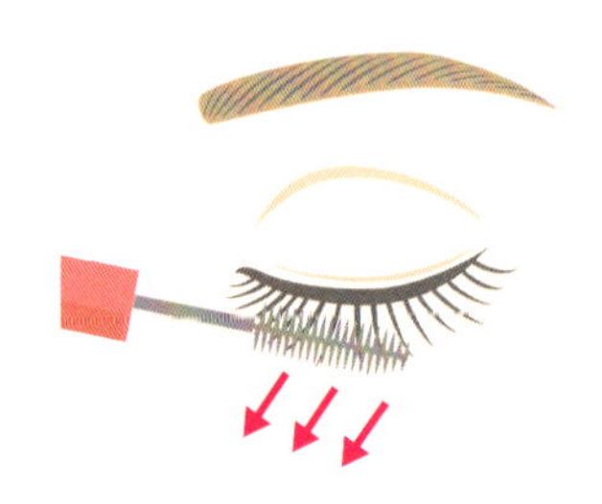

まぶたを閉じぎみにして、まつ毛の上側に根元から毛先に向かって、**なで下ろすように**つけます。

このつけ方だとまつ毛とマスカラが絡んできれいにつくよ！

3 まつ毛の下側につける

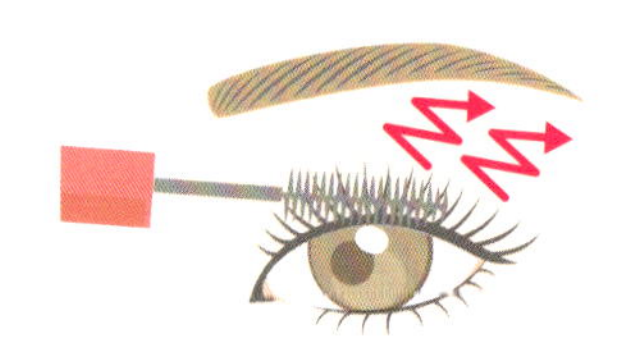

根元にブラシをあて、左右に小刻みにジグザグと動かしてしっかりと塗り、**まつ毛をもち上げる**ように毛先に向かってつけます。まつ毛全体を一気に仕上げようとせず、目の中央、目頭寄り、目尻寄りと分けて、丁寧に塗ります。

※ボリュームを出したいときは重ねづけしましょう

リップカラー

口紅やリップグロスなどのリップカラーは、**唇のうるおいをキープ**し、好みの**色**や**ツヤ**を与えてなりたい**イメージを演出**するアイテムです。また、年齢とともにくすみがちになる**唇の色もカバー**。華やかな印象をもたらします。

《 唇のプロポーションの基本 》

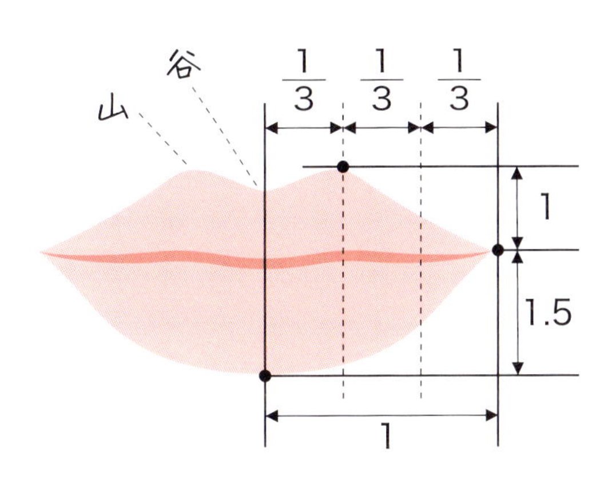

上唇と下唇の縦幅は**1：1.5**が理想のバランスとされています。**唇の中心〜口角**までを3等分した、中心寄りの**1/3の位置が山**。**谷は鼻先から垂直**におろした延長線にあるのが理想的です。

《 リップカラーの基本の塗り方 》

1 アウトラインを描く

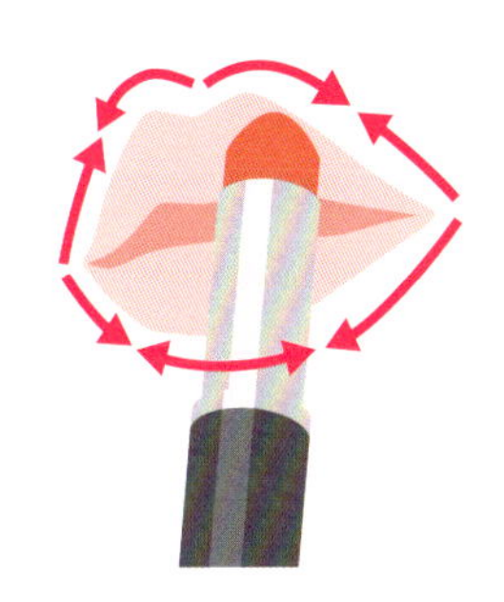

スティックの角を使って、**上唇の山**と**下唇の中央**のラインを描きます。次に、**口角**から**中央**へとつなぐラインを描きます。

2 塗りつぶす

内側を塗りつぶします。軽く口を開き、口紅の**断面が唇に垂直**になるように当て、そのまま左右に動かして塗ります。**縦ジワ**の内側にも塗り込みましょう。

リップブラシは洗える？

リップブラシの毛は洗えないタイプが多いから、**コットンにエタノールを少量含ませて**やさしくふき取るのがおすすめだよ！

メイク道具のお手入れ

スポンジ、パフ、チップ、ブラシなどのメイク道具の正しいお手入れ方法を知り、**清潔な**状態で使いましょう。汚れたまま使い続けるとムラづきしやすくなるだけでなく、**肌荒れやニキビの原因**になります。

〈スポンジの基本の洗い方〉

1 洗浄液をつくる

洗面器やボールに食器洗い用洗剤などの**中性洗剤**を入れ、**50～200倍**程度に水で薄めて洗浄液をつくります。

2 洗う

洗浄液にスポンジを浸し、指の腹を使って数回軽く**押し洗い**します。

3 すすぐ

汚れが浮いてきたら、きれいな水、またはぬるま湯に取りかえて、**押し洗い**しながら**水が透明になるまで**十分にすすぎます。

4 水気を切る

手のひらで包み込むようにしぼり、乾いたタオルやキッチンペーパーなどに軽くはさんで水気を切ります。

5 乾かす

風通しのよい**日陰**で十分に乾かします。**直射日光に当てると、スポンジの劣化を早める**ので避けましょう。

※スポンジを洗う場合は説明書に従って洗いましょう

洗う頻度

1度使用した面は使わず、両面使ったら洗いましょう。洗う回数を減らすには、1度に使う部分をスポンジの片面半分に限定し、両面で使うと4回は使えます。

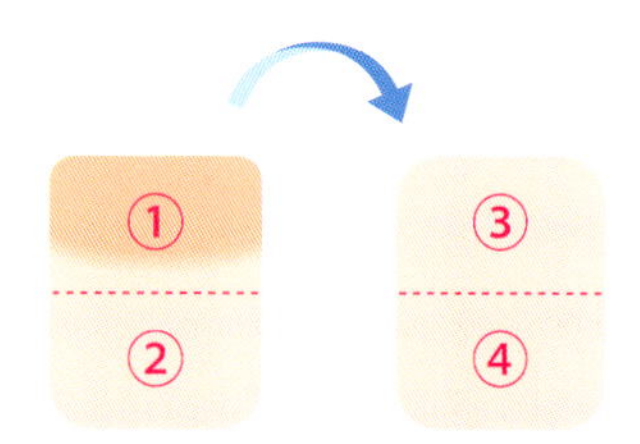

新しいスポンジに交換する目安

- ☑ 手触りが悪くなってきた
- ☑ 洗っても汚れが取れない
- ☑ 表面に穴が開いてきた
- ☑ 弾力がなくなってきた

準2級

メイクアップ

〈ブラシの基本の洗い方〉

ブラシは使ったら毎回洗うのではなく、使用後にブラシに残ったメイク汚れを**ティッシュなどでふき取り**ましょう。

1 洗浄液または クリーナーを準備する

洗面器やボールに食器洗い用洗剤などの**中性洗剤**を入れ、**50～200倍**程度に水で薄めて洗浄液をつくります。

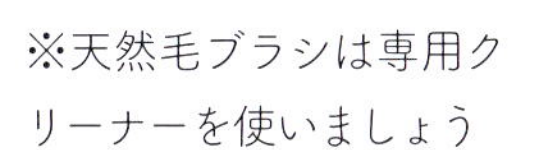
※天然毛ブラシは専用クリーナーを使いましょう

2 洗う

ブラシの**根元**から**筆先**の部分を洗浄液に浸し、軽く**振り洗い**します。根元から筆先に向かって汚れをやさしく**押し出します**。

これは厳禁!

- ☑ 柄（持ち手）の部分まで浸けない
- ☑ 浸け置きしない（毛が抜けやすくなる）

3 すすぐ

きれいな水やぬるま湯に取りかえながら、**水が透明**になり**泡が立たなく**なるまで十分にすすぎます。

4 水気を切る

筆先を軽くしぼり、乾いたタオルやキッチンペーパーなどで軽く押さえて水気を切り、筆先を整えます。

5 乾かす

風通しのよい**日陰**で**自然乾燥**させ、十分に乾かします。ブラシの品質劣化につながるので**ドライヤーや直射日光に当てて乾かさない**よう注意。

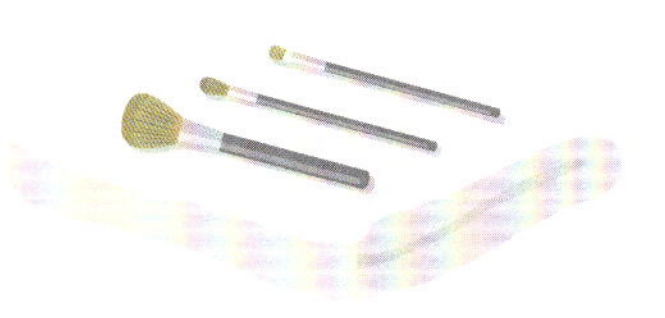

人工毛を洗う頻度

汚れが目立つ、パウダーの含みが悪い、仕上がりがよくないと感じたら洗いましょう。

天然毛を洗う頻度

頻繁に洗うとかえって劣化を早める恐れがあるため、**できるだけ洗わず**に、**使用後に毎回ティッシュなどでふき取り**ます。汚れがひどくなってきたら、専用のクリーナーなどで洗いましょう（多くても月に1回程度）。

新しいブラシに交換する目安

- ☑ 筆先が広がる
- ☑ 毛が抜ける
- ☑ 肌あたりが悪い
- ☑ メイクが思い通りに仕上がらない

ボディケア、ハンドケアの基本

身体と顔は1枚の皮膚で
つながっています。
ボディケアを日々取り入れていても、
間違えたお手入れをしていると
顔と同様にさまざまな
肌トラブルにつながります。
正しいボディケアを学びましょう。

ボディの皮膚とは?

身体は**部位によって角層の厚さや皮脂の分泌量**が違うため、乾燥やニキビなどの肌悩みも部位によって異なります。それぞれの部位に適したケアを行うことが、ボディケアの基本です。**皮脂腺が多い**ボディの**中心部**などは丁寧に洗い、**皮脂腺が少ない胸・足**などは保湿ケアをしっかり行う、**ひじ**や**ひざ**、**かかと**などの**角層が厚い部位**は**角質ケアを取り入れる**ことが大切です。また、**体臭**の原因となる汗を分泌する**アポクリン腺**が存在する**わきの下**などもしっかりと洗い流す必要があります。

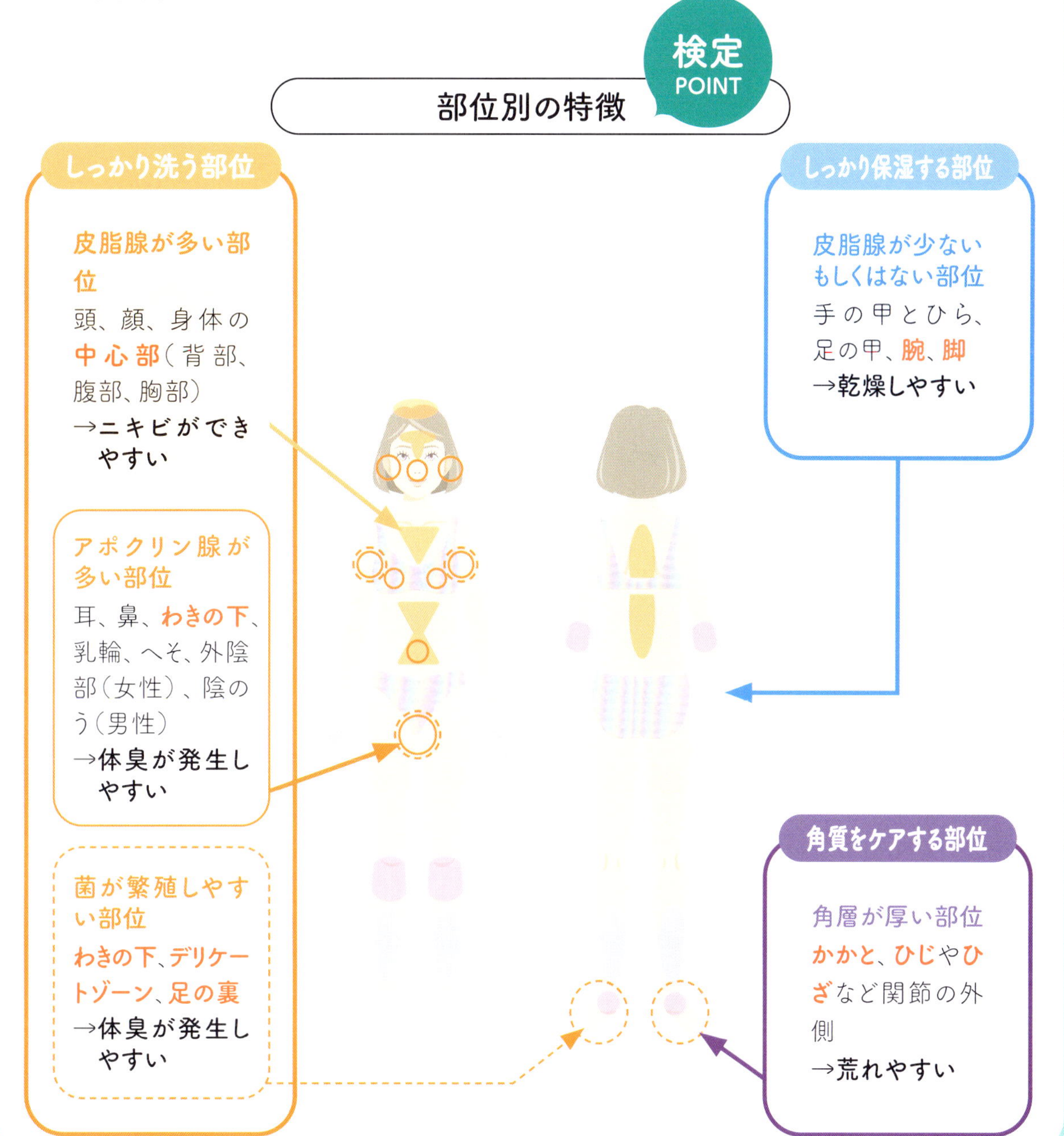

検定 POINT
部位別の特徴
しっかり洗う部位
皮脂腺が多い部位
頭、顔、身体の中心部(背部、腹部、胸部)
→ニキビができやすい
アポクリン腺が多い部位
耳、鼻、わきの下、乳輪、へそ、外陰部(女性)、陰のう(男性)
→体臭が発生しやすい
菌が繁殖しやすい部位
わきの下、デリケートゾーン、足の裏
→体臭が発生しやすい
しっかり保湿する部位
皮脂腺が少ないもしくはない部位
手の甲とひら、足の甲、腕、脚
→乾燥しやすい
角質をケアする部位
角層が厚い部位
かかと、ひじやひざなど関節の外側
→荒れやすい

7 ボディケアの基本

ボディとハンドのケアも基本は顔と同じ。汚れを**落とすケア**と、**水分**と**保湿剤**を**与えて整えるケア**、**油分**や**紫外線カット剤**などで**肌を守るケア**があります。

※日焼け止めの塗り方について詳しくは本書P86～89参照

《ボディの基本の洗い方》 検定POINT

1日を過ごした身体の皮膚表面には、**汗**や**ホコリ**、**皮脂**などの汚れがついています。肌に負担をかけないよう、やさしく洗って清潔な肌を保ちましょう。

洗う順番    

シャンプーやトリートメントのすすぎ残しが顔や身体に付着したままだと、**ニキビや肌荒れなどのトラブルの原因に**なることも。髪を洗った**後**に顔や身体を洗いましょう。

※メイク落とし（クレンジング）は、あらかじめ済ませておきましょう

1 予洗い

身体全体をまんべんなくぬらします。お湯の温度は**36～40℃**がおすすめ。

2 泡立てる

石けんやボディソープを適量取り、空気を含ませながらよく泡立てます。

3 なで洗い

泡で身体を**なでるように**洗います。**手先、足先**から**心臓**に向かって**円を描きながら**洗います。デリケートゾーンや足の裏、指の間はしっかり洗うとよいでしょう。

4 すすぎ

お湯で十分にすすぎます。温度は予洗いと同じ**36～40℃**がおすすめ。高すぎると肌に必要な油分を奪われて**乾燥や肌荒れの原因**になり、低すぎると**界面活性剤が残ることもある**ので注意が必要です。

手とスポンジの使い分け

やさしく洗う	しっかり洗う
手	タオルやスポンジ

《基本の角質ケア》

ひじ・ひざ・かかとは、日常の動作で摩擦などの物理的な刺激を直接受けやすいパーツ。刺激からの防御作用によって角質が厚くなり、かたくなる性質があります。角質がかたいままだと、水分や油分がなじみにくくなったり、ひどくなるとひび割れてしまったりと、大きなトラブルになることも。放置せずに角質ケアを行いましょう。

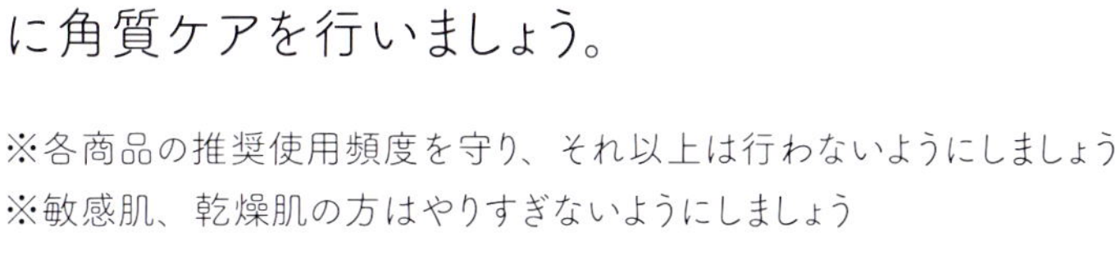

※各商品の推奨使用頻度を守り、それ以上は行わないようにしましょう
※敏感肌、乾燥肌の方はやりすぎないようにしましょう

ボディスクラブ

スクラブのすべりをよくし、肌に負担をかけにくくするため、身体を洗った後のぬれている状態の肌に使います。指の腹でやさしく円を描くようにマッサージしながらケアしましょう。

やすり、軽石

足裏やひじ、ひざなど特に角質が厚くなりやすい部位は、やすりや軽石を使って余分な角質を削ります。ぬれた肌に使用するものと乾いた肌に使用するものがあります。力を入れすぎず、やすりは一方向に、軽石は円を描くように動かします。どちらもやりすぎは禁物。一度に削ろうとせず、少しずつケアをしましょう。

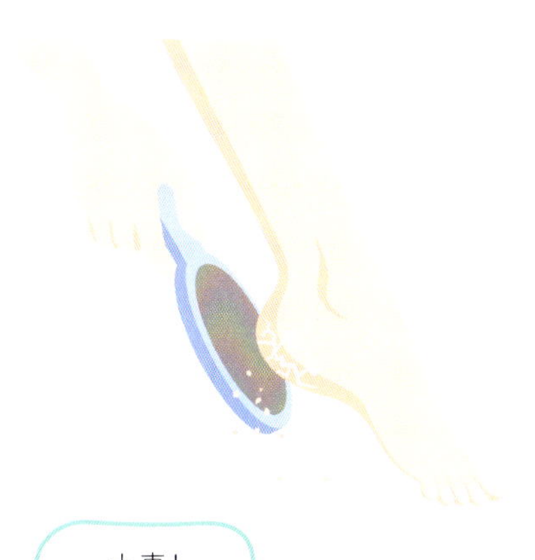

大事！

角質ケアのあとは保湿が大切

余分な角質を取り除いた後は肌が乾燥しやすいので、必ずクリームなどで保湿しましょう。

《ボディクリームの基本の塗り方》

1日2回を目安に、保湿ケアアイテム（クリーム、ミルク、オイルなど）をやさしくなじませましょう。ここではよく使われるボディクリームを例にします。

1 クリームを置く

適量を手に取り、乾燥が気になる所に数カ所に分けて置きます。

2 なじませる

手のひらでやさしく広げます。矢印の方向に身体のシワに沿って塗るとムラなく伸ばすことができます。

POINT

ひじやひざなどは、関節を曲げてシワを伸ばしてから、円を描くように重ねづけ

《デオドラントケアの基本》

汗が出る汗腺には、**全身に存在するエクリン腺**と、**わきの下などごく一部に存在するアポクリン腺**があり、発汗したばかりの汗はどちらもほぼ無臭です。しかし**アポクリン腺からの汗**は、そのままにしておくとにおいの原因になるため、汗をかく前に制汗剤で対策しておくことが大切です。

汗をかく前に使う

制汗剤は
汗をかく**前**!!

ロールオンやスティック、ミストタイプなどの制汗剤は汗をかく**前**に。そして汗がにおいに変わる前に使うことが大切です。

汗をかいた後にも使う

パウダースプレーや、ふき取りタイプのシートは汗をかいた**後**にも使えます。

準2級

ボディ、ハンドケア

8 ハンドケアの基本

〈手の基本の洗い方〉

手には目に見えない**細菌**や**ウイルス**などが多く付着しています。正しく丁寧な手洗いを行うと、これらを減少させることができます。外出先からの**帰宅時**や**調理の前後**、**食事前**などはもちろん、日頃から正しい手洗いをする習慣をつけましょう。

1 予洗い、泡立て

時計や指輪をはずし、**流水**でよく手をぬらします（予洗い）。石けんやハンドソープを適量取り、水を少量足し、空気を含ませながらよく泡立てます。

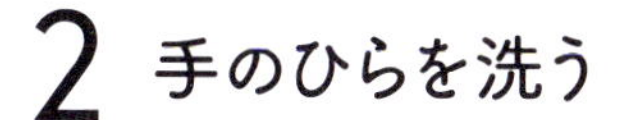

2 手のひらを洗う

泡を手に取り、手のひらを**こすり合わせて**洗います。

3 手の甲を洗う

手のひらをもう片方の手の甲に当て、**こすり合わせて**洗います。

4 指の間を洗う

指と指を組んで、両手の指の間を洗います。

5 指先と爪の間を洗う

手のひらにもう片方の手の指を立てて、指先を**こすり洗い**します。**爪の間**にもしっかり泡が入るように洗います。

6 親指を洗う

親指をもう片方の手で握り、**ねじるように**洗います。

7 手首を洗う

手首をもう片方の手で**にぎって回すように**洗います。

8 すすぐ

流水で十分にすすぎ、清潔なタオルやペーパータオルで水気をふき取ります。

洗い残しやすい部位

■洗い残しやすい
■特に洗い残しやすい

手のひら

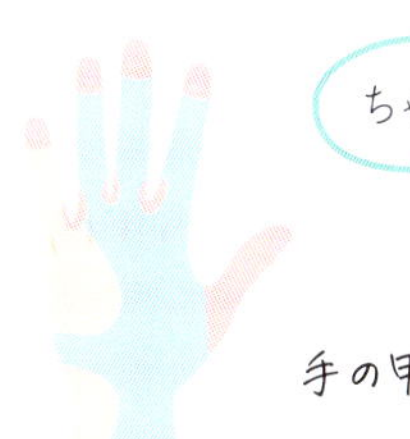

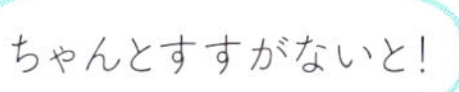

《ハンドクリームの基本の塗り方》

手は他の部位と比べて**乾燥**しやすく、更に**手洗いの頻度も多いので荒れやすい**とされています。ハンドクリームは、**手洗いや消毒のあと**、**水仕事のあと**、**就寝前**などに加えて、カサつきを感じたときなど、手荒れしていなくても普段からこまめに塗ることを心がけましょう。

手の特徴

手のひら、指先
- 皮脂腺が**ない**→**乾燥**しやすい
- 角層が**厚い**→**荒れ**やすい

手の甲
- 皮脂腺が**少ない**
→**乾燥**しやすい

1 手の甲になじませる

クリームを適量**手の甲**にのせ、両手の甲を**すり合わせる**ように全体になじませます。

2 手のひらに伸ばす

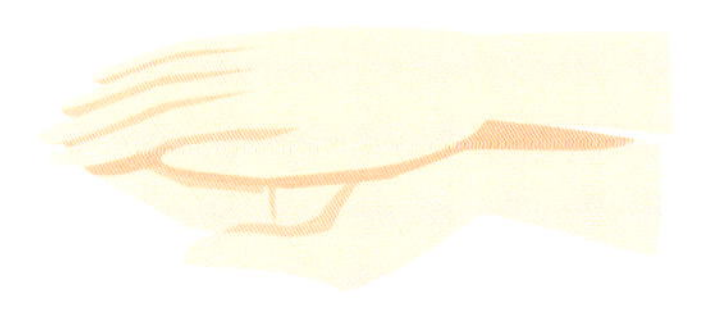

手の甲になじませて残ったクリームを、**両手のひら**に伸ばします。

3 指1本1本に伸ばす

付け根から**指先**まで、クリームが行き渡るように塗り伸ばします。

4 関節のシワに塗りこむ

指を**曲げ**、関節の**シワを伸ばして**塗りこみます。

5 細部にもなじませ、重ね塗り

忘れがちな**爪まわり**、**指の間**、**手首**にもクリームをムラなく伸ばします。

正しく消毒しないと
ウィルスが残っちゃうよ!

正しい手指消毒とは?

さまざまな消毒剤がありますが、代表的なものとして**アルコール**を含んだ消毒剤があります。十分な量*を手のひらに取り、**こすり合わせ**ます。手の甲は、手のひらを甲に合わせてすり込みます。

＊ポンプをしっかり押し切ったら1プッシュ。ジェルタイプは2プッシュが目安。

指先、**爪の間**、**指の間**、**親指**、**手首**にもムラなく行き渡らせて、**10～15秒間**すり込みます。

※途中で手が乾いてしまう場合は、使用量が足りていないので足しましょう

美にまつわる
格言・名言

美しくない女性はいない。
怠惰な女性がいるだけです。

【ヘレナ・ルビンスタイン】

美しくあることに怠けない。いつでも、いくつになっても美意識を忘れずに。

ヘアケアの基本

髪の美しさは
その人の魅力を引き立たせます。
ただ、日々の「ヘアケア」が間違っていると
髪や頭皮にダメージを与えてしまうことも。
一度ダメージを受けた髪は
簡単には修復できません。
正しい知識を学んで、
適切なヘアケアを実践しましょう。

美しい髪の基準

美しい髪とは、以下の3つの条件を満たしている髪のことです。

しなやか 1本1本の髪に**弾力**があって「**しなやか**」であること

なめらか 手触りや指通りがよく、枝毛や裂毛がなく「**なめらか**」で**まとまり**があること

つややか **うるおってツヤ**があり、髪の流れがそろっていて動いても「**つややか**」であること

ヘアケアの基本の手順

　ヘアケアとは、髪と頭皮を常に**清潔に保つ**とともに、髪に**ツヤとうるおいを与えて**美しく整えるお手入れです。そのためのステップとして、頭皮や毛髪の**汚れを「落とす」ケア（洗髪）**と、傷んだ毛髪の**補修（保護）**や髪を**乾かし整える（整髪）**の「**与える・整える」ケア**に大きく分かれています。

落とす

STEP 1 洗髪

ブラッシング
↓
予洗い
↓
シャンプー
↓

与える・整える

STEP 2 保護

コンディショナー・トリートメント
↓
アウトバストリートメント
↓

STEP 3 整髪

ドライ
↓
スタイリング（ブロー・仕上げ）

9 ヘアケアの基本

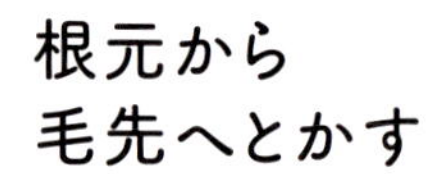

洗髪

検定 POINT

髪と頭皮の汚れを落とし、清潔な状態にします。

《 髪の基本の洗い方 》

1 ブラッシング

髪のからみを取り、汚れを落としやすくする

毛先からとかす

根元から
毛先へとかす

シャンプーの**前**に**ブラッシング**を。からまりやすい**毛先**からとかし、続いて**根元から毛先**までをとかします。こうすることで**髪のからみ**や付着した**汚れ**を取り除くことができ、**シャンプーの泡立ちもよくなり**、汚れが落としやすくなります。また、髪を洗うときにもからまりにくくなります。

2 予洗い

髪と頭皮を十分にぬらす

シャンプーの**泡立ちをよくする**ために、**髪**と**頭皮**を十分にぬらしましょう。全体を**まんべんなく洗う**ために必要です。お湯の設定温度は**38～40℃**が適温。

ブラッシングで頭皮を刺激することで、マッサージ効果による頭皮の血行アップも期待できるよ！

準2級

ヘアケア

3 シャンプー

軽く泡立てる

シャンプーを手に取り、少しだけお湯を加えて軽く泡立てながら使います。そのまま髪や頭皮につけてしまうと**刺激が強すぎ**たり、**ムラづき**したりする原因に。また、シャンプーの泡は汚れを落とすだけでなく、**髪同士の摩擦**を防ぐ役目も果たします。

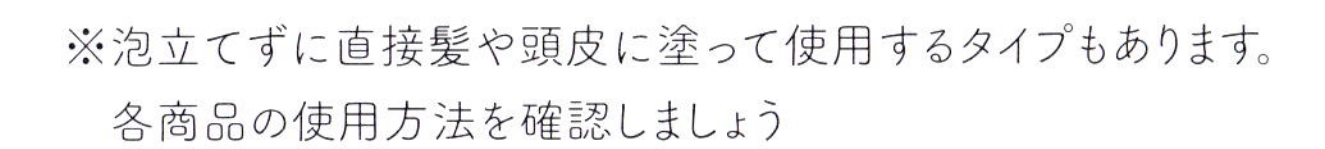

※泡立てずに直接髪や頭皮に塗って使用するタイプもあります。
各商品の使用方法を確認しましょう

全体につける

頭頂部の頭皮は**紫外線**などの影響により、最もダメージを受けやすい部位です。いきなり頭頂部につけるのではなく、次の手順でシャンプーをつけましょう。

❶行き渡りにくい
耳の上・耳の後ろにつける
▼
❷頭頂部の頭皮に**少しずつつける**
▼
❸全体に広げる

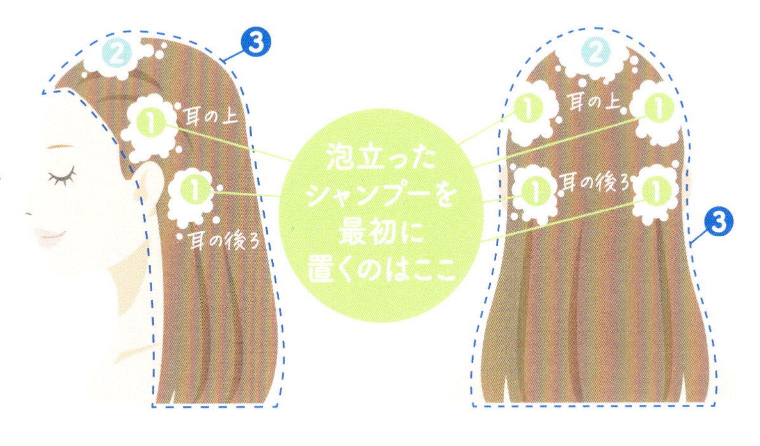

頭皮をマッサージしながら洗う

指の腹でマッサージするように洗います。両手で頭をつかむように**指の腹**を当て、**2㎝幅くらいの小刻みな動き**で**下から上方向**にマッサージしながら全体をほぐします。

POINT
頭皮を下から上方向にマッサージしながら洗う

頭皮全体に泡立ちを感じたら、毛先に向かって髪全体にも泡をなじませます。

4 すすぎ

泡を落とす

髪に残った**泡を軽く手で落として**からすすぎます。

シャンプーをしっかり洗い流す

シャンプーが残らないように、**シャワーヘッドを頭皮に近づけ**、頭皮の上で指の腹を小刻みに動かしながらすすぎます。次に髪を指でとかしながら、泡やぬるつきがなくなるまでしっかりすすぎます。

POINT
泡を落としてから頭皮にお湯が当たるように流す

すすぎ残し注意！

すすぎ残しやすい**耳の後ろから襟足**、**耳の上**、**生えぎわ**は特に念入りにすすぐようにしよう！

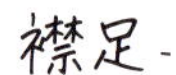

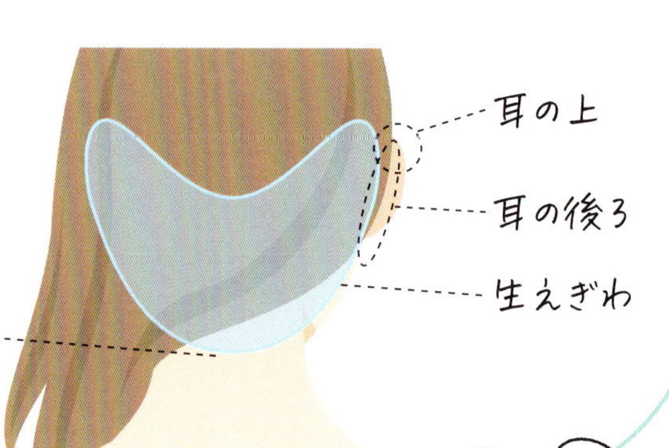

STEP 2 保護

傷んだ毛髪を補修したり、ダメージから髪を守ります。

5 コンディショナー・トリートメント

毛先を中心につける

髪を軽く握って水気を切った後、適量を取り、**頭皮を避けて**主に髪の**中間**から**毛先**までなじませます。その後、髪の**ベタつきやぬるつきがなくなるまで**十分にすすぎます。

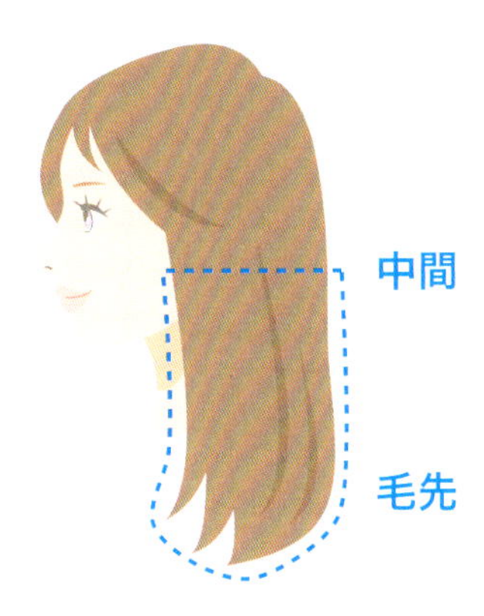

POINT

トリートメント効果を高めるテクニック

❶髪になじませる前に軽くタオルドライする
❷塗布後2～5分ほど放置してから洗い流す

6 タオルドライ

水気をやさしく押さえて取る

髪を手でしぼって水気を切ったら、タオルで髪をはさんで**軽くたたきながら**水気を吸わせます。

タオルを頭からかぶり、タオルの上からやさしく**押さえるように**して髪全体の水気を吸わせます。指の**腹**で**頭皮**を押すようにして**根元**を中心に乾かします。

POINT

髪がぬれてやわらかくなった状態で髪同士をこすりあわせると傷みやすいので、タオルで髪を強くこすらないように注意！

7 アウトバストリートメント（洗い流さないトリートメント）

髪をダメージから守る

髪を補修し、**ドライヤーの熱ダメージから髪を守る**効果があるアウトバストリートメントは、タオルドライ**後**に使用します。手のひらに取って伸ばし、髪に**ムラなくつける**ために**指の間**にもつけてから塗ると、髪全体になじみます。主にパサつきがちな**毛先**に、手ぐしを通すように髪の間にも行き渡らせます。頭頂部をふんわりさせるために、髪の**根元**や**頭皮**には**つけない**ようにしましょう。

STEP 3

整髪

検定 POINT

乱れた髪を整え、髪形を自分好みの形にスタイリングします。

8 ドライ

ドライヤーは
20cm以上離す

熱ダメージから守りながら乾かす

髪は**ぬれたままにせず**、なるべく**早く乾かしましょう**。まずは、ドライヤーの**温風**で水分を飛ばすように風をあてます。髪の**根元**に指を入れ、根元から**小刻みに動かしながら**、**温風**を送り入れて乾かします。続けて、中間から毛先にかけて乾かし、全体を**8割**程度乾かしましょう。乾かしすぎを防ぐため、最後は**冷風**を使って髪を整えながら仕上げます。

POINT

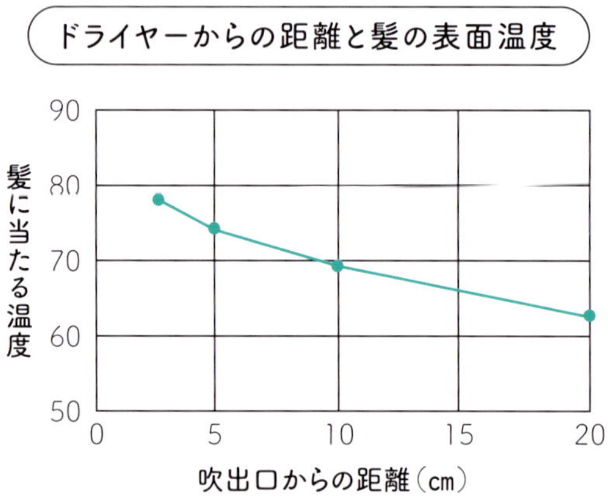

ドライヤーからの距離と髪の表面温度
髪に当たる温度
90
80
70
60
50
0
5
10
15
20
吹出口からの距離（cm）

毛髪は、**ぬれている状態で約60℃の熱を加え続ける**と**毛髪内の水分量が減少**し始めるとされています。そのため、美しい髪を保つためには**ドライヤーを20cm以上離して乾かす**のが理想的といえます。また、**乾いた髪は80℃以上の熱を受け続ける**とタンパク質の変性が起こり、**髪がもろく**なっていきますので、ドライヤーでブロー仕上げやスタイリングをするときであっても、**髪から10cm以上離して乾かす**ようにしましょう。

＊ヘアドライヤーのテスト結果（北陸三県共同テスト）改変
※数値はあくまでも一例であり、ドライヤーの機種や構造で温度は異なります

9 スタイリング（ブロー・仕上げ）

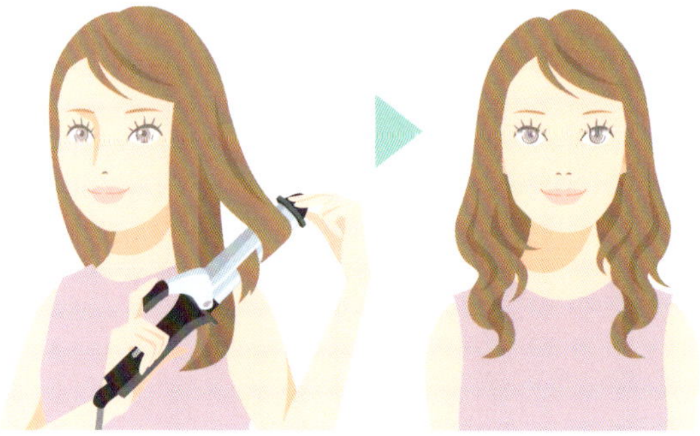

髪型を整える

スタイリングをするには、**ある程度乾かした髪**をドライヤーとブラシを使って形を整えます（ブロー）。その後、必要に応じてヘアアイロンやホットカーラーを使ったり、スタイリング剤で整えたりして、好みの形に仕上げます。

飛び出てしまう毛の寝かせ方

まとめ髪のときに頭頂部にピンッと飛び出してしまう、いわゆる“浮き毛（アホ毛）”。スタイリング剤でうまく収まらない場合は、コームにヘアスプレーを吹きつけて、頭頂部をとかしつけるとよいでしょう。また、浮き毛を抑えるための専用アイテムを使えば、手軽に整えることができます。

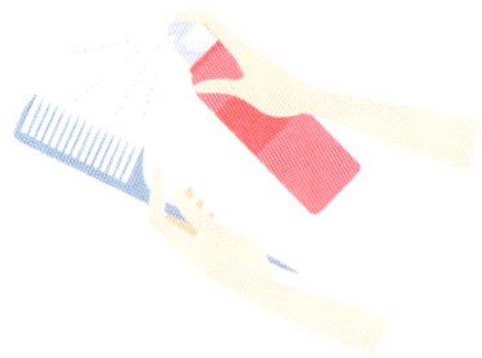

準2級

ヘアケア

ネイルケアの基本

爪は指先を保護し、
指先に力が入るように存在していますが
日々の生活や間違ったケアによって
ダメージを受けやすい部位です。
ファッションとしてだけでなく、
お手入れの一部として正しいネイルケアを行い、
健康で美しい指先を保ちましょう。

10 ネイルケアの基本

ネイルケアとは、爪の長さや形を整えたり、爪を彩ったり、爪を保護したりと、爪や爪まわりの肌をお手入れすることです。

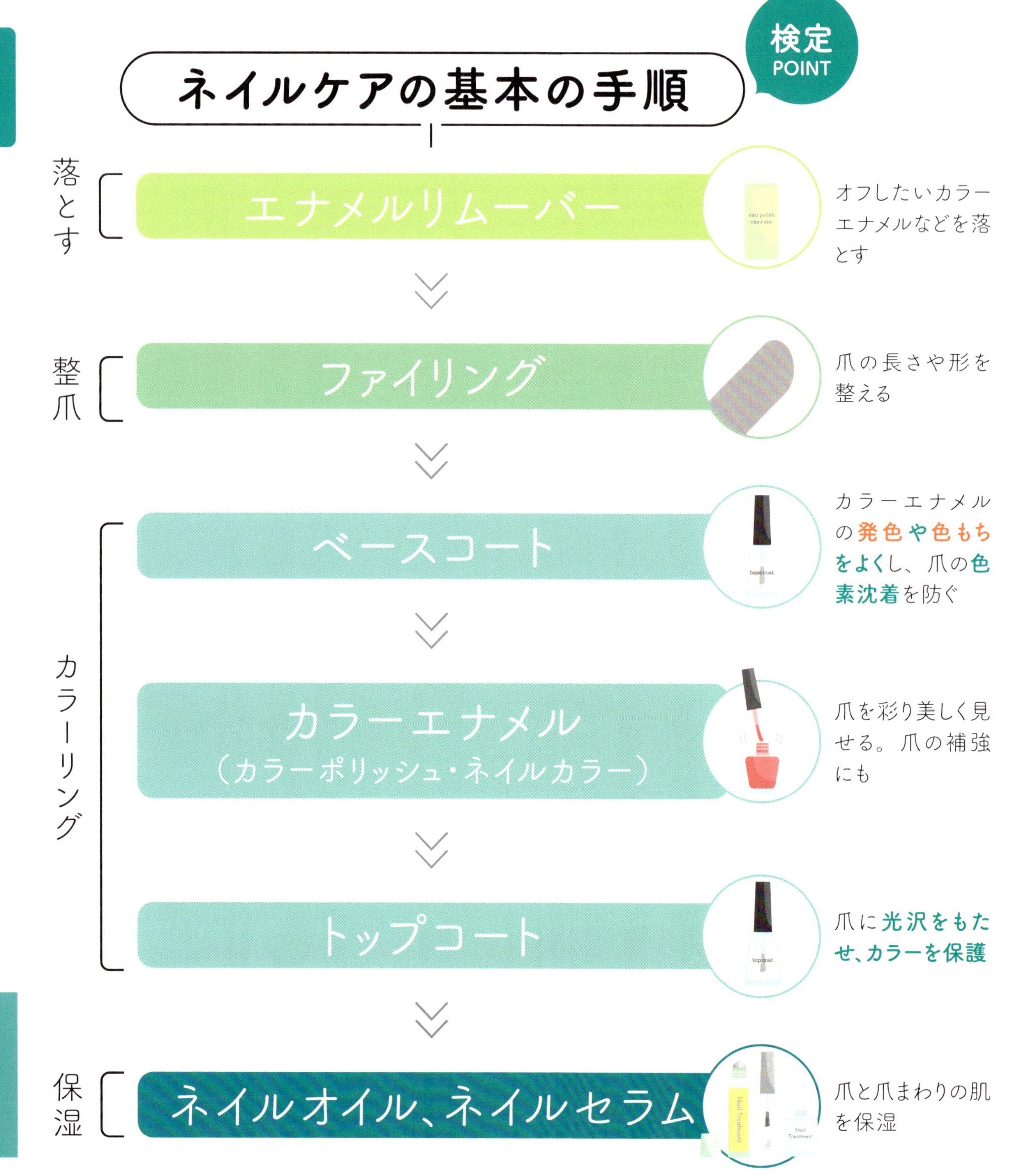
検定POINT
ネイルケアの基本の手順
落とす
エナメルリムーバー
オフしたいカラーエナメルなどを落とす
整爪
ファイリング
爪の長さや形を整える
カラーリング
ベースコート
カラーエナメルの発色や色もちをよくし、爪の色素沈着を防ぐ
カラーエナメル
（カラーポリッシュ・ネイルカラー）
爪を彩り美しく見せる。爪の補強にも
トップコート
爪に光沢をもたせ、カラーを保護
保湿
ネイルオイル、ネイルセラム
爪と爪まわりの肌を保湿

エナメルリムーバー

エナメルリムーバーで、ベースコート、カラーエナメル、トップコートを同時に落とします。

1 リムーバーをコットンに浸す

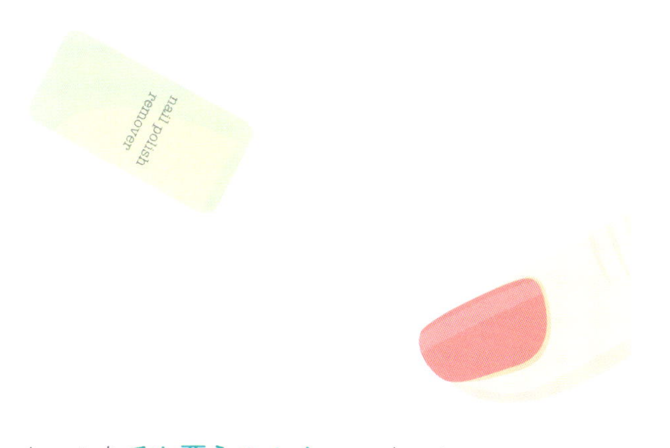

しっかり**爪を覆うサイズ**のコットンにリムーバーをたっぷり浸します。

2 カラーエナメルを溶かす

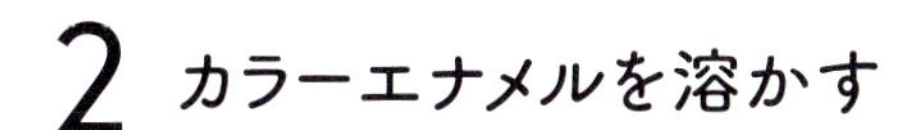

リムーバーを含ませた部分を、**できるだけ肌に触れないように**爪の上にのせたままで少し置き、**カラーエナメルが溶け出す**のを待ちます。**溶ける**とコットンがスムーズに動きます。

3 ふき取る

POINT

引き抜くように動かす

溶け出したカラーエナメルを、**根元**から**爪先**に向かって**コットンを引き抜くように**して落とします。きちんと溶け出していれば強い力は必要ありません。

4 手を洗って保湿

オフした後は余分な油分や汚れを取り除くために手を洗い、エナメルリムーバーも洗い流して肌に残らないように。**ハンドクリーム**や**ネイルオイル**など爪や爪まわりの肌に塗って**保湿**しておきましょう。

ファイリング

爪は短すぎると深爪や巻爪になりやすく、長すぎると爪が割れやすくなります。そのため、爪を適切な長さに整えておくことが大切です。爪の長さや形を整えるファイリングは、手と足の爪では伸びるスピードが異なるため、**手の爪で1週間に1回、足の爪で2週間に1回**を目安に行いましょう。

検定POINT

爪の適切な長さ

中央部が指の先端と同じ高さになっているのが目安

ファイリングはこの長さをキープするように整えます。

	伸びるスピード	整える頻度
手の爪	1日　約0.1mm 1カ月　約3mm	1週間に1回
足の爪	1カ月　約1.5mm	2週間に1回

《エメリーボード（ネイルファイル）を使った整え方》

爪のダメージを少なくするには爪切りを使わず、**エメリーボード（ネイルファイル）のみで爪の長さや形を整える**ことがおすすめです。

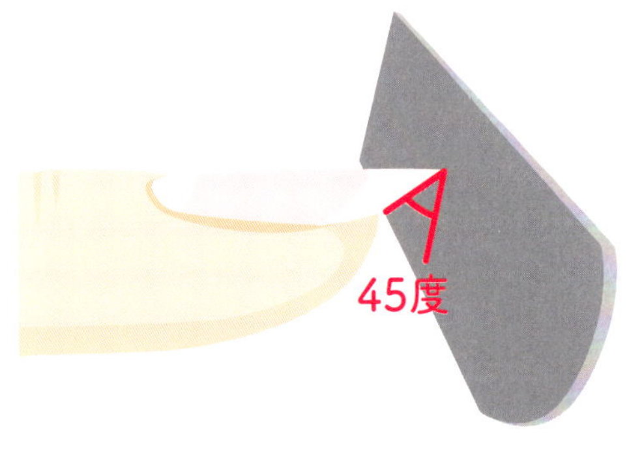

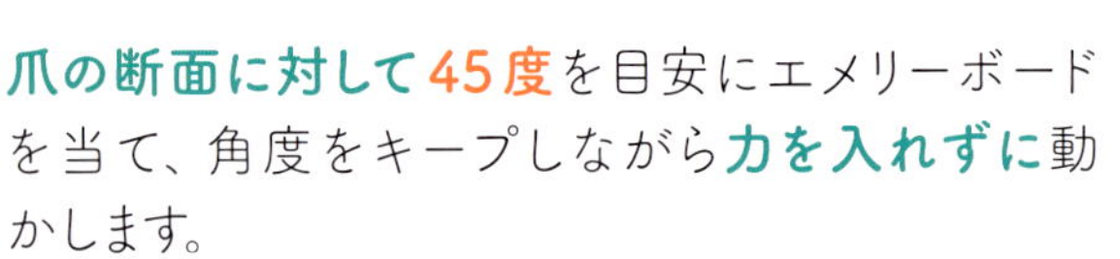

爪の断面に対して45度を目安にエメリーボードを当て、角度をキープしながら**力を入れずに**動かします。

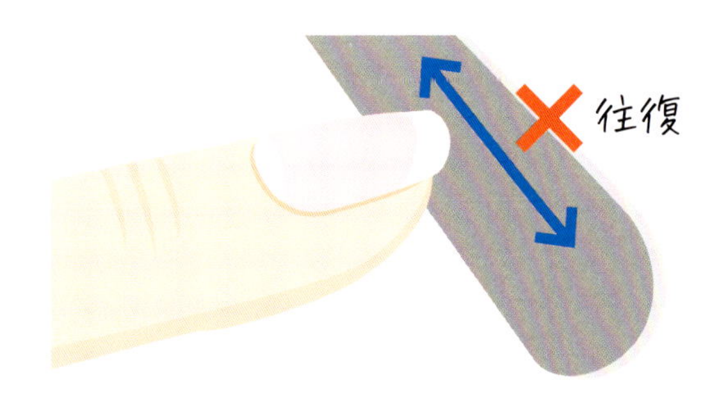

往復させず、一方向に動かして形を整えます。

整えるタイミングは爪が割れたり欠けたりしないよう、爪がやわらかくなっている**お風呂上がり**のケアがおすすめだよ。

〈 長さを大幅に変える場合の整え方 〉

爪が長くなりすぎてしまった場合には、爪切りやネイルニッパーでカットしてもかまいません。正しい切り方で爪へのダメージを抑えましょう。

1 爪の端から切る

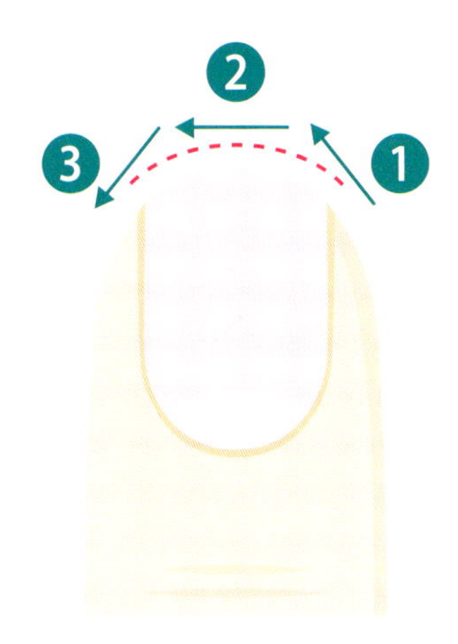

端から徐々に、爪のカーブに沿わせて適切な長さに切ります。爪切りで中央から切ると、両端の**ストレスポイント**に衝撃が加わり、そこから爪が欠けたり割れが生じたりすることがあります。

爪が割れやすいところ

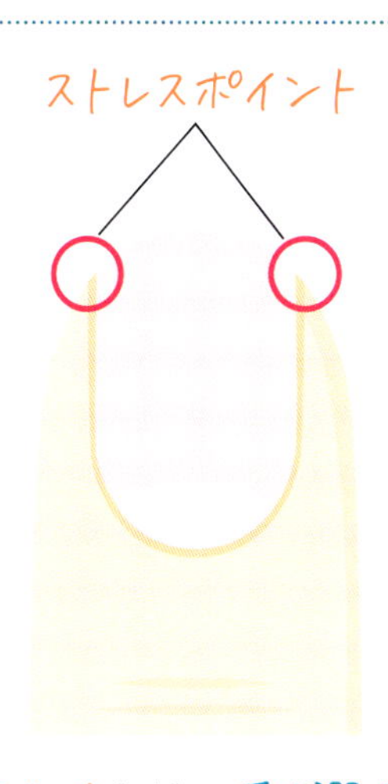

ストレスポイントとは、**爪が肌から離れ始める両端部分**のこと。外部からの衝撃や圧迫、負荷を受けやすく、**ここを起点に爪の亀裂や割れ**が起こりやすい。

2 エメリーボード（ネイルファイル）で整える

仕上げに、**エメリーボード**を**一方向**に動かして、カットした面を整えます。

爪切りでカットすると、爪の先端に目に見えない細かいヒビができます。エメリーボードで整えて細かいヒビをなくすことで、**爪の割れや2枚爪の防止**になり、美しい爪の形を保つことにつながります。

カラーリング（ベースコート、カラーエナメル、トップコート）

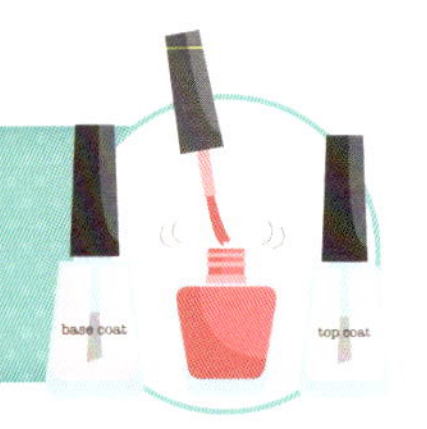

ファイリングで爪を整えた後にカラーリングを行うことで、手指を美しく飾るだけでなく、爪の補強にもなります。

《基本の塗り方》

ベースコート → カラーエナメル → トップコートの順で塗り重ねて仕上げます。

1 1回取り 余分な量を落とす

ボトルのネック部分を使って**ハケ全体をしっかりとしごき、ハケについている**カラーエナメルの量を減らします。

2 断面に塗る

爪を裏側に向け、爪の**厚み部分（断面）**を❶❷のように、**中心に向けて左右から**塗布します。

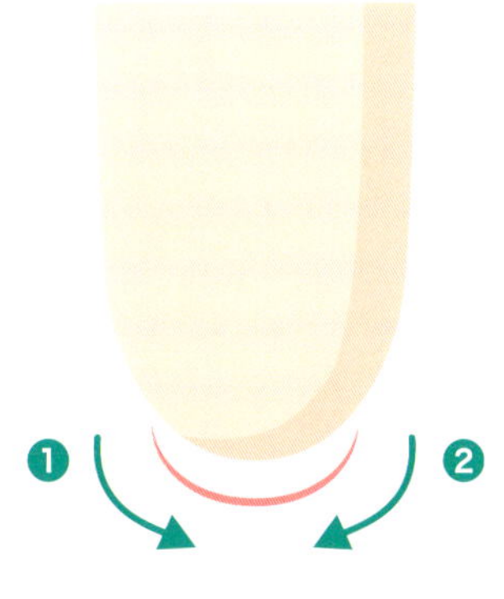

3 もう1度取り ハケの片側をしごく

ボトルのネック部分で**ハケの片側をしっかりしごきます**。ハケの反対側に残ったもので爪に塗布していきます。

※爪の大きさによってハケに残す量を調節しましょう

4 爪表面に塗る

検定POINT

カラータイプ（ベースコート、トップコート）

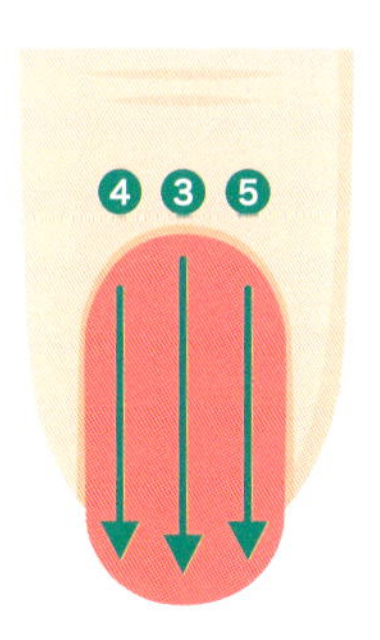

中心❸から**外側❹❺**に向けて、左右均一に塗り進めます。爪の根元側は、ハケをやや立てて塗り、ラインをつなげます。

パールやシアータイプ

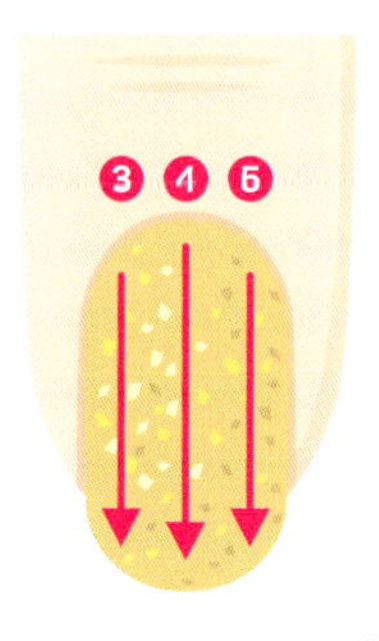

パールやシアータイプのカラーエナメルは、**端から❸〜❺**の順に塗布するとムラになりにくく仕上がります。

カラーエナメルは、2度塗りが基本だよ！

準2級

ネイルケア

例題にチャレンジ!

眉の基本の描き方として、適切なものを選べ。

1. 眉頭から眉の中心に向かって描き始めるとよい
2. 眉山の位置と眉尻の位置を決めたあと、まず眉山から眉尻を描き、次に眉山から眉頭を描くとよい
3. 眉頭と眉尻は濃く、眉の中央部分は薄く描くとよい

P102で復習!

【解答】2

Q

次のうち、皮脂腺が多くニキビができやすいため、皮脂をしっかり洗い流すとよい部位はどこか。最も適切なものを選べ。

1. 腕　　2. 背部　　3. 脚

試験対策は
問題集で!
公式サイトで
限定販売

P111で復習!

【解答】2

準2級＆3級の次は

文部科学省後援
日本化粧品検定2級
にステップアップ！

美容皮膚科学に基づいて、肌悩みに合わせたスキンケア、メイクアップ、生活習慣美容、マッサージなど、トータルビューティーを学びます。

こんな疑問ありませんか？

わたしの
シミに効く
美白成分ってどれ？

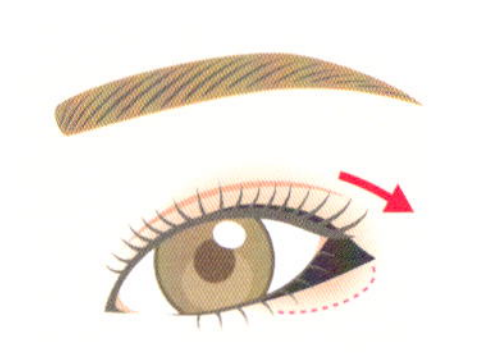

眉毛が濃い！
どうやったら
キレイな眉が描ける？

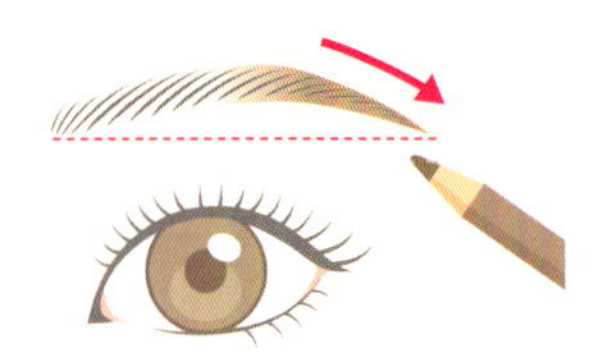

ずっと
肌荒れが……
なんで？

目の形（一重・
つり目・はなれ目など）に
合った似合うメイクって？

寝つきがよくない……
どうしたらいい？

キレイになるためには、肌のことを知ることがスタートです！

日本化粧品検定2級は、自分の美容はもちろん、
文部科学省後援だから就職・転職にも役立ちます！

履歴書に記載してアピールできる

美容業界未経験でもキャリアチェンジを目指せる

肌悩みに合わせたお手入れができるようになる

2級対策テキストの内容を覗き見!

シミ対策

皮膚の構造やしくみを
しっかり学べる!

検定 POINT

《シミができるしくみと美白有効成分の働き》

シミができる大きな原因の1つに**紫外線**があります。紫外線を浴びると、表皮角化細胞から**より多くのメラニンをつくるように指令が出ます**。これを受けてメラノサイトは**チロシナーゼ**（メラニンをつくる酵素）の働きで**メラニン生成量を増やします**。つくられたメラニンは、メラノサイトの樹状突起から**まわりの表皮角化細胞へ引き渡され**、**ターンオーバーによって排出**されますが、**メラニンが過剰につくられ続けたり、ターンオーバーが遅くなるとメラニンが蓄積し、シミとなってあらわれます**。美白有効成分は、これらの段階にアプローチしてシミを予防します。

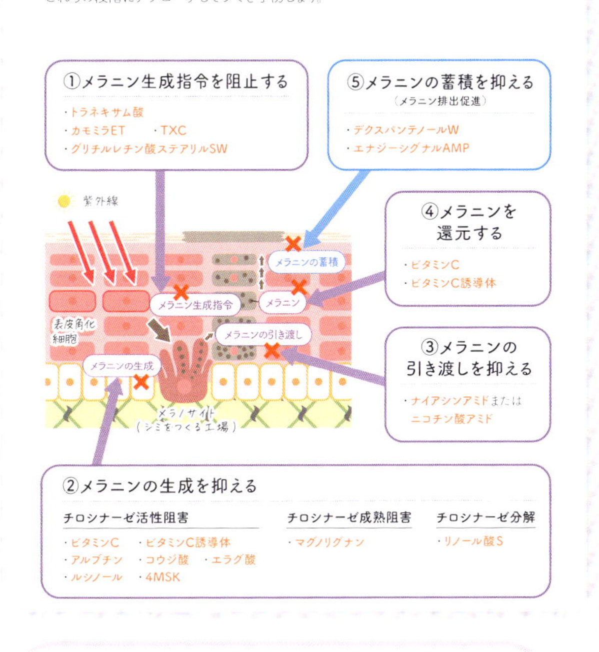

ニキビ・毛穴・シミ・シワなど
肌悩みのタイプと
原因・対策が学べる

毛穴対策

検定 POINT

《毛穴が目立つ原因とお手入れ方法》

タイプ	状態	原因	
開き毛穴	過剰な皮脂分泌により毛穴が開いている 顔全体にできる	過剰な皮脂 皮脂腺	**過剰な皮脂分泌**が続くことにより、**毛穴の出口部分が物理的に押し広げられて開く**。また、酸化した皮脂により毛穴まわりに不全角化が起こることで、**毛穴がすり鉢状になり、目立つ**ようになる
詰まり毛穴	角質肥厚により毛穴が詰まっている Tゾーンに多い（小鼻の溝や鼻の頭に特に多い）	角栓 **皮脂や余分な角質、汚れなどが混ざり合って、白い塊（角栓）**ができる。角栓ができると物理的に毛穴が押し広げられ、目立つようになる	表面が酸化した黒い角栓 **皮脂が酸化**したり、**産毛**が詰まったり**メラニン**の影響で角栓が黒く見える
たるみ毛穴	たるみにより毛穴が広がって見える 頬に多い	たるみによって広がった毛穴 重力 **真皮の老化（コラーゲン線維の減少や筋力の低下など）**により頬の弾力が低下し、**毛穴を支えきれなくなる**。毛穴が**重力によって下に引っ張られる**ことで形状が**楕円形**に開いて見える	毛穴同士がつながった毛穴（帯状毛穴） さらに悪化すると、隣の毛穴と帯状に連なってしまう（**帯状**毛穴）

《2級の例題にチャレンジ!》

問題

毛穴を3タイプに分類した場合、角質肥厚が原因で起こりやすい毛穴のタイプはどれか。適切なものを選べ。

1. たるみ毛穴　2. 開き毛穴　3. 詰まり毛穴　4. 帯状毛穴

【解答】3

2級について
もっと知りたい方はこちらから

プロとして活躍できる4つの資格

スキルアップ・キャリアアップにも役立つ資格

日本化粧品検定特級 コスメコンシェルジュ

コスメライター

メイクカラーコンシェルジュ

コスメコンシェルジュインストラクター

4つの資格取得は
オンライン完結◎

Web受講

Web試験

資格取得でなりたいわたしに！

日本化粧品検定協会では、検定・資格制度を通して、化粧品や美容のスペシャリストを育成しています。定期的に行っている検定試験で取得する日本化粧品検定3級〜1級に加え、さらに知識を深め、活躍の場を広めるための実践的な知識が身につく4つの資格があります。この資格取得はオンラインで受講、受験ができるので、働きながらスキルアップ、キャリアアップを目指せます。

検定 ▶▶▶ **資格**

検定
日本化粧品検定 1級
日本化粧品検定 2級
日本化粧品検定 準2級
日本化粧品検定 3級

プロとして活躍できる4つの資格

化粧品の専門家を目指すなら

日本化粧品検定特級
コスメコンシェルジュ※

※日本化粧品検定特級に合格した方には、コスメコンシェルジュ資格を授与します。

美容ライターを目指すなら

コスメライター

カラーアイテム選びを楽しむなら

メイクカラーコンシェルジュ

美容講師業を目指すなら

コスメコンシェルジュインストラクター

1級合格者だけが目指せる最上位資格

日本化粧品検定特級 コスメコンシェルジュ®

COSME CONCIERGE
コスメコンシェルジュ 認定証

化粧品の専門家を目指す～化粧品を提案する力を身につける～

化粧品の種類ごとの特徴を学ぶことで、肌悩みに合わせた化粧品を選び提案する「**化粧品の専門家**」としてのスキルを身につけられる、日本化粧品検定最上位資格です。

※資格取得には、当協会への入会が必要です

【特級で身につく5つのこと】

1 成分から化粧品を選び出せる

2 肌悩みから化粧品を選び出せるようになる

3 正しい情報を自分の言葉で伝える提案力・発信力がつけられる

4 薬機法など仕事に活かせる知識を身につけられる

5 特級資格を活かしたキャリア設計が描けるようになる

・こんな人におすすめ・

- ☑ 化粧品を自分で選べるようになりたい
- ☑ 化粧品成分のプロになりたい
- ☑ SNSなどで情報を発信したい
- ☑ 接客販売力を上げたい
- ☑ 友人や家族など人にアドバイスができるようになりたい
- ☑ 化粧品・美容業界で今の仕事に活かしたい
- ☑ 就職、転職、副業に活かしたい
- ☑ 仕事でキャリアアップしたい

＼ 化粧品の専門家としてさまざまなフィールドで活躍 ／

企業や個人での活動、キャリアアップ、新しい仕事へのチャレンジと
コスメコンシェルジュの活躍フィールド・キャリアパスは多岐に渡っています。

キャリアアップ

インフルエンサー
美容情報を発信し、美容系メディアでも活躍

美容部員
バッジをつけて接客。お客さまからの信頼を得て売り上げアップ

化粧品メーカー営業
化粧品知識がつき商談がスムーズに

ヘアメイク
技術のみでなく知識の専門性が認められ本の出版へ

化粧品開発
JCLA美容通信の内容を活かし企画書作成

個人で活躍

さまざまなフィールドで活躍するコスメコンシェルジュ

企業で活躍

従業員からオーナー
エステサロン開業。サロン一覧を掲載し、PRサポートを受ける

OLから起業
成分知識を活かしコスメブランドを設立

通販化粧品メーカー
通販カタログにコスメコンシェルジュとして登場。お客さまへ商品を紹介

美容メディアの編集者
就職・転職サポートを利用し憧れの職業へ

美容ライター
安心して任せられる知識があるので執筆依頼が増える

主婦から美容セミナー講師
空いている時間を活用し美容セミナーを主催

キャリアチェンジ

資格の取得方法

1ヵ月の速習カリキュラムで化粧品の専門家へと導きます。
学習も試験もオンライン完結！試験はテキストを見ながら解答できます。

1級合格 → 特級に申込 → 自宅に教材が届く → Web受講（4時間半） → Web試験 → 合格

1カ月

講座の詳細や資格取得の方法は
こちらからCHECK!

ベーシックコース（基礎科）　アドバンスコース（応用科）

化粧品について“書く”専門家

コスメライター®

化粧品に関する専門的な記事が書けるWebライター

薬機法を含む化粧品の正しい知識を持ち、SEO対策をしながら、発信力のあるライティングスキルを備えていることを認定する資格です。

※資格取得には、日本化粧品検定全級合格が必要です

【コスメライターで身につく3つのこと】

1
化粧品に特化した文章の書き方が身につく

2
SEOから法律、ルールまで、Webライティングに必要な知識が身につく

医薬品医療機器等法

3
美容業界の知識やライターとしての心得が身につく

・こんな人におすすめ・

- 美容ライターになりたい
- 発信力のあるSNS投稿をしたい
- ライターとしてキャリアアップしたい
- 在宅でできる仕事を始めたい
- プレスリリースなどで役立つ文章力を高めたい
- 薬機法の知識をさらに深めたい
- 副業を始めたい
- 化粧品の魅力を伝える表現力を身につけたい

資格詳細はこちら

ベーシックコース（基礎科）
アドバンスコース（応用科）

メイクアップ化粧品の"色彩を見極める"専門家

メイクカラーコンシェルジュ®

色彩理論・パーソナルカラー理論を理解し メイクアップコスメのカラーを診断・分類ができる専門家

色彩理論やパーソナルカラー理論に加え、コスメの色彩に関する正しい知識を持ち、あらゆるメイクアップコスメのカラーを診断・分類できるスキルを備えていることを認定する資格です。

※資格取得には、当協会への入会が必要です

資格詳細はこちら

化粧品の知識を"教える"専門家

コスメコンシェルジュインストラクター

日本化粧品検定の合格を目指す方を指導できる講師

日本化粧品検定協会認定講師として、スクールの講師、企業での研修、教室やセミナーの開講など、正しい化粧品や美容知識の教育活動を行うことができる資格です。

※資格取得には、日本化粧品検定全級合格が必要です

資格詳細はこちら

索引

参考文献・資料

・新化粧品学　第2版（南山堂）
・美容皮膚科学　改訂2版（日本美容皮膚科学会編，南山堂）
・皮膚をみる人たちのための化粧品知識（日本香粧品学会編，南山堂）
・化粧品事典（日本化粧品技術者会編，丸善出版）
・美容実習1，2，美容技術理論1，2（公益社団法人日本理容美容教育センター）
・本気の美容事典（学研教育出版）
・トコトンやさしい化粧品の本（日刊工業新聞社）
・コスメティック Q&A 事典（中央書院）
・Beautiful NAIL Plus（新美容出版）
・紫外線環境保護マニュアル 2020（環境省）
・Global solar UV index-A practical guide-2002（WHO）
・粧技誌，47（2）
・Ann Dermatol, 23（4）
・ヘアドライヤーのテスト結果（北陸三県共同テスト）
・厚生労働省 Web サイト
・日本化粧品工業会　Web サイト
・日本歯磨工業会 Web サイト

本書の内容に関する注意事項

●化粧品の処方や特徴、イラストなどは、一般的な参考資料を元につくり一例を紹介しています。全ての商品の特徴などに当てはまるわけではありません。

●メイクアップ方法なども、一般的なものをベースにしています。各メーカーにより推奨している方法が異なる場合もあります。

●現時点での研究やデータなどを参考に制作しています。本書の内容に改訂があった場合、随時、日本化粧品検定協会ホームページ（https://cosme-ken.org/）でお知らせします。

●日本化粧品検定や本書は、化粧品について学ぶもので、化粧品の良し悪しを決めるものではありません。

●本書に記載されている内容は、一般的な事柄について記述したものであり、美容に関する知識の習得を目的としています。本書の知識のみで、診断や治療をすることは法律により禁じられています。また、肌トラブル等が起きた場合は、自己判断せず皮膚科専門医にご相談ください。

STAFF

本文イラスト／白いねこねこ
本文デザイン／秋吉佐弥佳、木村舞子（ナッティワークス）、桜田ゆかり、清水洋子、高松佳子、谷山佳乃（アドベックス2）、二橋孝行、茂木祐一、山谷吉立
装丁／山谷吉立
キャラクターデザイン／いしいともこ
制作・総合監修／藤岡賢大（日本化粧品検定協会 理事兼顧問）
制作協力／日本化粧品検定協会
　原稿作成：小西さやか、根岸里歌、村上佳奈代、山田恵美子、
　川名真紀子、鈴木恵美子、工藤さゆり
　イラスト作成：喜多のりこ
DTP 制作／ローヤル企画、松田修尚（主婦の友社）
校正／文字工房燦光
編集協力／岩村優子、大井牧子、狩野啓子、小山まゆみ、高柳有里
編集／田中希
編集／西小路梨可、鵜澤みな子、大隅優子（主婦の友社）

おわりに

最後まで読んでくださり、ありがとうございます。

化粧品や美容に関する情報は、私が「日本化粧品検定」を立ち上げた頃よりも、さらに膨大になってあふれています。自分でも調べやすくなった一方で、信頼できるものにたどり着くことが困難になっているようにも感じています。

今回の改訂では3年間かけて、より専門性の高い医学博士や大学教授の方々に監修いただき、信頼性の高い情報にしました。さらに、法律関連を中心に最新情報にアップデートし、美容師国家試験などの美容の資格の内容に準拠し、よりわかりやすく学べるようにイラストでの解説を増やしました。

本書は、日本化粧品検定の受験対策テキストとしてだけではなく、スキンケア、メイクにとどまらず、ボディケア、ヘアケア、ネイルケアなどを網羅しているため、日々のお手入れや化粧品について疑問を感じたときに事典としても活用いただけます。

自分の化粧品選びはもちろんのこと、家族や友人、お客さまへの化粧品選びのアドバイスを行ったり、SNSで情報発信したりするための美容の基礎知識を学ぶ教科書として、さらには化粧品や美容業界で働く方々にとってのバイブルとして、役立てていただければ光栄です。

出版にあたり、協会立ち上げ当初から全範囲を監修してくださった伊藤建三先生をはじめ、監修してくださった先生方、伊藤誠先生をはじめアドバイス・サポートいただいた専門家の方々、田中希様をはじめ編集に尽力いただいた主婦の友社のみなさま、3年間かけて一緒に原稿を書き続けてくださった日本化粧品検定協会理事　藤岡賢大様をはじめ、顧問・スタッフのみなさん、関わってくださったすべての方に心から感謝いたします。

この本で、美容・コスメの悩みを解決するお手伝いができますように。

手に取ってくださった方々が、キレイになることで自信をもって、より素敵な毎日が過ごせますように。

一般社団法人　日本化粧品検定協会

代表理事 **小西さやか**

小西さやか　一般社団法人日本化粧品検定協会® 代表理事

ボランティア活動として、Web サイトから無料で受験できる日本化粧品検定3級を立ち上げる。その後、主催する「日本化粧品検定」の1級と2級は文部科学省後援事業となり、現在、累計受験者数は150万人を突破している。北海道文教大学客員教授、東京農業大学客員准教授、日本薬科大学 招聘准教授、更年期と加齢のヘルスケア学会などの幹事、協会顧問・理事を歴任。化学修士（サイエンティスト）としての科学的視点から美容 コスメを評価できるスペシャリスト、コスメコンシェルジュ®として活躍中。著書は『美容成分キャラ図鑑』（西東社）、『「私に本当に合う化粧品」の選び方事典』（主婦の友社）など13冊、累計70万部を超える。

小西さやかインスタグラム
@cosmeconcierge

［内容・検定に関するお問い合わせ先　一般社団法人日本化粧品検定協会®］
info@cosme-ken.org

日本化粧品検定協会®
ホームページ
https://cosme-ken.org/

公式インスタグラム
@cosmeken

公式X
@cosme_kentei

公式tiktok
@cosmekentei

コスメのTERACOYA
https://cosme-ken.org/teracoya/

大きくなって読みやすい！！ 日本化粧品検定　準2級・3級対策テキスト　コスメの教科書　拡大版

2025年1月20日　第1刷発行

著者　一般社団法人日本化粧品検定協会®
発行者　大宮敏靖
発行所　株式会社主婦の友社
〒141-0021　東京都品川区上大崎3-1-1 目黒セントラルスクエア
電話 03-5280-7537（内容・不良品等のお問い合わせ）049-259-1236（販売）
印刷所　大日本印刷株式会社

ISBN978-4-07-460760-0

■本のご注文は、お近くの書店または主婦の友社コールセンター（電話0120-916-892）まで。
＊お問い合わせ受付時間　月~金（祝日を除く）10:00〜16:00
＊個人のお客さまからよくある質問のご案内　https://shufunotomo.co.jp/faq/